T0237711

Moderne Verfahren der Kryptographie

Albrecht Beutelspacher · Jörg Schwenk ·
Klaus-Dieter Wolfenstetter

Moderne Verfahren der Kryptographie

Von RSA zu Zero-Knowledge und darüber hinaus

9., aktualisierte und erweiterte Auflage

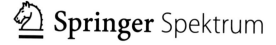

Springer Spektrum

Albrecht Beutelspacher
Mathematisches Institut
Universität Gießen
Gießen, Deutschland

Jörg Schwenk
Lehrstuhl für Netz- und Datensicherheit
Ruhr-Universität Bochum
Bochum, Deutschland

Klaus-Dieter Wolfenstetter
Zwingenberg, Deutschland

ISBN 978-3-662-65717-1   ISBN 978-3-662-65718-8   (eBook)
https://doi.org/10.1007/978-3-662-65718-8

Die Deutsche Nationalbibliothek verzeichnet diese Publikation in der Deutschen Nationalbibliografie; detaillierte bibliografische Daten sind im Internet über http://dnb.d-nb.de abrufbar.

© Der/die Herausgeber bzw. der/die Autor(en), exklusiv lizenziert an Springer-Verlag GmbH, DE, ein Teil von Springer Nature 1995, 1998, 1999, 2001, 2004, 2006, 2010, 2015, 2022
Das Werk einschließlich aller seiner Teile ist urheberrechtlich geschützt. Jede Verwertung, die nicht ausdrücklich vom Urheberrechtsgesetz zugelassen ist, bedarf der vorherigen Zustimmung des Verlags. Das gilt insbesondere für Vervielfältigungen, Bearbeitungen, Übersetzungen, Mikroverfilmungen und die Einspeicherung und Verarbeitung in elektronischen Systemen.
Die Wiedergabe von allgemein beschreibenden Bezeichnungen, Marken, Unternehmensnamen etc. in diesem Werk bedeutet nicht, dass diese frei durch jedermann benutzt werden dürfen. Die Berechtigung zur Benutzung unterliegt, auch ohne gesonderten Hinweis hierzu, den Regeln des Markenrechts. Die Rechte des jeweiligen Zeicheninhabers sind zu beachten.
Der Verlag, die Autoren und die Herausgeber gehen davon aus, dass die Angaben und Informationen in diesem Werk zum Zeitpunkt der Veröffentlichung vollständig und korrekt sind. Weder der Verlag, noch die Autoren oder die Herausgeber übernehmen, ausdrücklich oder implizit, Gewähr für den Inhalt des Werkes, etwaige Fehler oder Äußerungen. Der Verlag bleibt im Hinblick auf geografische Zuordnungen und Gebietsbezeichnungen in veröffentlichten Karten und Institutionsadressen neutral.

Planung/Lektorat: Iris Ruhmann
Springer Spektrum ist ein Imprint der eingetragenen Gesellschaft Springer-Verlag GmbH, DE und ist ein Teil von Springer Nature.
Die Anschrift der Gesellschaft ist: Heidelberger Platz 3, 14197 Berlin, Germany

Vorwort zur 9. Auflage

In der 9. Auflage haben wir aktuelle Themen der Kryptographie aufgenommen, die grundlegend für verbreitete Anwendungen sind. Dazu zählt vor allem die Blockchain-Technologie, die elementare kryptographische Verfahren wie kryptographische Hashfunktionen und Signaturen verwendet. Die auf Blockchain aufbauenden Finanztransaktionssysteme wie Bitcoin oder Ethereum sind längst in der Finanzwelt angekommen und werden dort eingesetzt und kontrovers diskutiert.

Wir erläutern die Funktionsweise des Tor-Netzwerks, in dem eine Verkettung von Diffie-Hellman-Protokollen und ineinander verschachtelte Verschlüsselung es ermöglichen, im Internet anonym Daten abrufen zu können. In der Presse wird das Tor-Netzwerk oft als „Darknet" bezeichnet und mit kriminellen Handlungen in Verbindung gebracht; entwickelt wurde es aber, um es auch Menschen in autoritären Staaten freien Zugang zum Internet zu gewährleisten.

Aufgenommen haben wir auch die homomorphe Verschlüsselung, mit deren Hilfe z. B. ein Cloud-Anbieter Operationen auf den Daten seines Auftraggebers durchführen kann, ohne diese Daten zu kennen.

In das Kap. 4 wurde ein Abschnitt über Honest-Verifier-Zero-Knowledge-Proofs aufgenommen, da diese in vielen modernen Konstruktionen benötigt werden.

Wir haben kleine Fehler und Ungenauigkeiten beseitigt und haben uns bemüht, aktuelle Literaturreferenzen mit aufzunehmen.

Wir bedanken uns für die breite positive Resonanz aus der Leserschaft und deren Anregungen.

Gießen   Albrecht Beutelspacher
Bochum   Jörg Schwenk
Zwingenberg   Klaus-Dieter Wolfenstetter
Juli 2022

Vorwort zur 1. Auflage

Es gibt zwei Welten der Kryptographie.

Der *einen* Welt scheint, von außen betrachtet, ein Hauch von Abenteuer und Romantik anzuhaften. Man denkt an Sherlock Holmes und James Bond, sieht Massen von Menschen mit Codebüchern operieren und lange Buchstabenkolonnen statistisch untersuchen; es ist die Welt der ENIGMA und anderer Chiffriermaschinen, bei deren Anblick das Herz jedes Antiquitätensammlers höher schlägt. Dies ist die Welt der „klassischen" Kryptographie.

Demgegenüber ist die *andere* Welt, die der modernen Kryptographie, bestimmt durch Stichworte wie e-Commerce, Public-Key-Infrastruktur, digitale Signatur oder Chipkarte. Die Menschen, die man hier trifft, sind Medienexperten, Banker, Mathematiker und Informatiker.

Dieses Buch handelt von der modernen Kryptographie.

Die Unterscheidung in zwei Welten ist nicht nur äußerlich, sondern auch entscheidend durch die innere Entwicklung der Kryptologie geprägt. Für die moderne Kryptographie sind die Jahreszahlen 1976 und 1985 wichtig.

Im Jahre 1976 veröffentlichten Whitfield Diffie und Martin Hellman das Prinzip der Public-Key-Kryptographie. Mit ihrer bahnbrechenden Arbeit (und dem zwei Jahre später veröffentlichten RSA-Algorithmus) wurde ein jahrtausendealtes „unlösbares" Problem denkbar elegant gelöst: Während in der Welt der alten Kryptologie je zwei Teilnehmer, die geheim miteinander kommunizieren wollten, schon *vorher* ein gemeinsames Geheimnis haben mussten (ihren „geheimen Schlüssel"), ist dies in der Public-Key-Kryptographie nicht mehr der Fall: Jeder, auch jemand, der mit mir noch nie

Kontakt hatte, kann mir eine verschlüsselte Nachricht schicken, die nur ich entschlüsseln kann.

Das zweite wichtige Datum ist die Entdeckung der Zero-Knowledge-Protokolle durch Shafi Goldwasser, Silvio Micali und Charles Rackoff im Jahre 1985 (und die sich daran anschließende Veröffentlichung des Fiat-Shamir-Algorithmus). Diese Protokolle lösen ein noch paradoxer erscheinendes Problem: Ich kann jedermann von der Existenz eines Geheimnisses überzeugen, ohne ihm das Geringste zu verraten. Anders gesagt: Ein Zero-Knowledge-Protokoll ist eine Unterhaltung, an deren Ende mein Gegenüber davon überzeugt ist, dass ich ein Geheimnis kenne, sonst aber nichts erfahren hat; insbesondere weiß er nichts, aber auch gar nichts über das Geheimnis.

Zero-Knowledge-Verfahren benutzen Basistechniken der Public-Key-Kryptographie; zum Beispiel ist die verwendete Mathematik die gleiche. Entscheidend kommt aber jetzt der Protokollaspekt hinzu: In einem Zero-Knowledge-Protokoll müssen die Partner nicht nur etwas berechnen, sondern sie müssen sich gemäß genau festgelegter, ausgeklügelter Regeln unterhalten. Das Ziel wird nur durch diese Kombination erreicht: Die Mechanismen der Public-Key-Kryptographie sind die Bausteine, die Protokolle sind die Bauregeln für komplexe Verfahren.

Kurz gesagt: Moderne Kryptologie ist „Public-Key, Zero-Knowledge und die Folgen". Davon handelt dieses Buch.

Unser Ziel ist es, entscheidende Entwicklungen der letzten Jahre konzentriert und verständlich darzustellen. Im Einzelnen geht es um folgende Themen:

Kap. 1 und 2 können als schnelle Einführung in die Kryptologie betrachtet werden. Die dort vorgestellten Begriffe und Ergebnisse sind für das ganze Buch wichtig.

Im dritten Kapitel werden die grundlegenden („klassischen") Protokolle der modernen Kryptographie dargestellt: Challenge-and-Response, Diffie-Hellman-Schlüsselvereinbarung und blinde Signaturen.

Kap. 4 ist zentral, denn dort werden nicht nur die berühmten Zero-Knowledge-Protokolle vorgestellt, sondern auch die darauf aufbauenden Entwicklungen der letzten Jahre, wie etwa Witness-Hiding und nichtinteraktive Zero-Knowledge-Protokolle, präsentiert.

Im fünften Kapitel geht es um Verfahren, wie zwei oder mehr Parteien etwas gemeinsam berechnen können, und zwar so, dass dabei niemand betrügen kann. Zum Beispiel wird das Problem, mit verschlüsselten Daten zu rechnen, gelöst. Besonders spektakulär ist die Frage, ob es bei elektronischer Kommunikation auch möglich ist, Skat zu spielen, das bedeutet die Karten so zu verteilen, dass sich anschließend niemand beschweren kann.

Das sechste Kapitel behandelt Fragen der Anonymität. Kann man über Computer anonym kommunizieren oder ist der Computer notwendigerweise der „Big Brother", der alles beobachtet?

Schließlich werden in Kap. 7 noch einige wichtige Fragen studiert, nämlich Schlüsselmanagement und „oblivious transfer". Nicht zuletzt findet sich hier auch eine Einführung in das faszinierende Gebiet der Quantenkryptographie.

Im letzten Kapitel wird die benötigte Mathematik zusammengestellt und Bezeichnungsweisen festgelegt; in diesem Kapitel können Sie auch eventuell unklare mathematische Begriffe nachlesen.

Wie ist das Buch geschrieben?

Obwohl wir versuchen, den wissenschaftlichen Fortschritt der letzten Jahre vorzustellen, ist das Buch leicht und weitgehend ohne spezielle Voraussetzungen lesbar. Dazu dienen vor allem drei Mittel.

- Zunächst werden alle benötigten Ergebnisse über Mathematik und Kryptologie innerhalb des Buches bereitgestellt.
- Des Weiteren haben wir einen modularen Aufbau gewählt. Das bedeutet, dass die einzelnen Kapitel weitgehend unabhängig voneinander gelesen werden können. Es ist sogar möglich, einzelne Abschnitte herauszugreifen. Dadurch können Sie sich schnell über ein bestimmtes Stichwort informieren.
- Schließlich haben wir die Themen auf verschiedenen Ebenen dargestellt, die jeweils mit Gewinn gelesen werden können. Jedes Thema wird zunächst möglichst anschaulich erklärt. Dazu gehören in der Regel ein nichtmathematisches Beispiel, und häufig ein Bild. Die zweite Ebene ist die mathematisch präzise Darstellung, wobei wir auch hierbei keinem übertriebenen Formalismus frönen. Insbesondere formulieren wir die Ergebnisse nicht auf der sprachlichen Ebene der Turingmaschinen. Schließlich erfolgt in vielen Fällen eine Analyse, die Stärken und Schwächen des behandelten Protokolls aufzeigt.

Für wen ist dieses Buch?

Aus der obigen Beschreibung wird deutlich, dass sich das Buch für eine große Leserschaft mit unterschiedlichen Ansprüchen, Zielen und Voraussetzungen eignet.

- Auf dem Weg in die Informationsgesellschaft sind vielfältige Sicherheitsprobleme zu lösen. In diesem Buch finden Techniker, Manager, Anwender und andere technisch und organisatorisch Verantwortliche aufbereitete Informationen über die wichtigsten Entwicklungen der letzten zehn Jahre.
- Für Studierende der Mathematik, Informatik und Elektrotechnik ist das Buch eine ideale Ergänzung zum Standardlehrstoff; es zeigt deutlich, dass zur Lösung praktischer Probleme Mathematik und theoretische Informatik mit Erfolg eingesetzt werden können.
- Schließlich wendet sich das Buch an all diejenigen, die sich über eine der faszinierendsten Entwicklungen der Mathematik und Informatik der letzten Jahre kundig machen wollen.

Einige Bemerkungen zum Text

Sie werden relativ häufig englische Ausdrücke finden: Zero-Knowledge, oblivious transfer, challenge and response, ... Das liegt einfach daran, dass sich diese Ausdrücke eingebürgert haben, sodass sich jeder Versuch einer Übersetzung lächerlich anhört. Wir bitten alle Sprachpuristen um Nachsicht.

Um Nachsicht bitten wir auch in einer anderen Sache. Man kann sich stundenlang und erbittert streiten über mögliche Unterschiede der Begriffe „Kryptographie" und „Kryptologie" sowie „Authentikation", „Authentifikation", „Authentisierung" usw. Wir machen diesen Streit nicht mit. In diesem Buch verwenden wir die Kr-Begriffe und die Au-Begriffe synonym. Dies wird nicht zu sachlichen Schwierigkeiten führen.

Protokolle sind geregelte Unterhaltungen zwischen Personen oder Instanzen. In vielen Fällen geht es um zwei Parteien, die sich manchmal vor einer gefährlichen dritten Partei schützen wollen. In der englischsprachigen Literatur werden die zwei oft mit Alice und Bob bezeichnet; dabei ist Alice diejenige, die etwas sendet und Bob ist der Empfänger. Auch bei uns treten diese Personen auf. Manchmal heißen sie nur A und B; aber auch dann ist A weiblich und B männlich. Die böse dritte Partei ist meist männlich, manchmal aber auch (Gnade!) weiblich.

Dieses Buch wäre ohne die tatkräftige Unterstützung zahlreicher Kolleginnen und Kollegen nicht, oder jedenfalls nicht so, zustande gekommen. Wir danken ganz besonders Klaus-Clemens Becker, Jörg Eisfeld, Klaus Huber, Annette Kersten, Ute Rosenbaum, Frank Schaefer-Lorinser, Alfred Scheerhorn, Beate Schwenk, Friedrich Tönsing, Andreas Riedenauer, Mark Manulis und Petra Winkel für ihre aufmunternden, bösartigen, charmanten, detaillierten, emotionalen, fehlenden, globalen, hämischen, indiskutablen, jammervollen, kryptischen, langweiligen, mathematischen, nichtssagenden, offenen, positiven, quälenden, ratlosen, soliden, treffenden, unsachlichen, vernichtenden, witzigen und zynischen Bemerkungen.

Gießen   Albrecht Beutelspacher
Bochum   Jörg Schwenk
Zwingenberg   Klaus-Dieter Wolfenstetter

Inhaltsverzeichnis

1

Ziele der Kryptographie

Wie jede Wissenschaft geht auch die Kryptographie von Grundproblemen aus und hat das Ziel, diese zu lösen. Dieses Kapitel ist eine Einführung in diese Probleme. Für weitergehende Information verweisen wir auf die Literatur (siehe etwa [Beu14] und die dort angegebenen Bücher). Um dieses Ziel zu erreichen, wurden in den letzten Jahren immer raffiniertere Methoden entwickelt, die man kryptographische Protokolle nennt. Was unter dieser Bezeichnung zu verstehen ist, werden wir im letzten Abschnitt erläutern.

1.1 Geheimhaltung

Wie kann ich mit jemandem vertraulich kommunizieren, also so, dass kein Unbeteiligter Kenntnis von der übermittelten Nachricht erhält?

Dies ist ein Problem, das auch im täglichen Leben hin und wieder auftritt. Die Situationen reichen von heimlichem Liebesgeflüster zur Vereinbarung des nächsten Rendezvous über die Verschickung der EC-PIN im verschlossenen Umschlag bis hin zu abhörsicheren Telefongesprächen.

Man kann das Problem der Übermittlung und Speicherung geheimer Nachrichten prinzipiell auf drei verschiedene Weisen lösen.

© Der/die Autor(en), exklusiv lizenziert an Springer-Verlag GmbH, DE, ein Teil von
Springer Nature 2022
A. Beutelspacher et al., *Moderne Verfahren der Kryptographie*,
https://doi.org/10.1007/978-3-662-65718-8_1

- *Organisatorische Maßnahmen:* Dazu gehört ein einsamer Waldspaziergang zum Zwecke der heimlichen Verlobung ebenso wie die Übermittlung einer Nachricht durch einen vertrauenswürdigen Boten oder die Einstufung vertraulicher Dokumente als „Verschlusssache".
- *Physikalische Maßnahmen:* Man kann eine Nachricht in einem Tresor verstecken oder sie in einem versiegelten Brief übermitteln. Eine andere Methode ist, die Existenz der Nachricht selbst zu verheimlichen, indem man Geheimtinte benutzt.
- *Kryptographische Maßnahmen:* Dabei entstellt man die Nachricht so, dass sie für jeden Außenstehenden völlig unsinnig erscheint, der berechtigte Empfänger diese aber leicht „entschlüsseln" kann. Zu diesem Zweck braucht der Empfänger etwas, was ihn vor allen anderen auszeichnet. Diese geheime Zusatzinformation des Empfängers bezeichnet man als „Schlüssel".

Kryptographische Verfahren werden hinsichtlich des Verschlüsselungsvorgangs unterschieden. Man kann sie so organisieren, dass auch der Sender den geheimen Schlüssel des Empfängers braucht; dann schützen sich Sender und Empfänger durch ihr gemeinsames Geheimnis gegen die Außenwelt. Der Empfänger kann unter Verwendung dieses Geheimnisses auch senden, der Sender auch empfangen. Diese Verfahren nennt man **symmetrisch,** da die Rollen von Sender und Empfänger symmetrisch sind. Es gibt aber auch Verfahren, bei denen der geheime Schlüssel exklusiv beim Empfänger verbleibt und den Sender nur mithilfe öffentlich zugänglicher Daten verschlüsselt. Solche Verfahren heißen **asymmetrische** Verfahren oder **Public-Key-Verfahren.**

1.2 Authentifikation

Wie kann ich mich gegenüber einem anderen zweifelsfrei ausweisen? Wie kann ich sicher sein, dass eine Nachricht wirklich von dem angegebenen Sender stammt?

Im täglichen Leben sind Antworten auf diese Fragen meist so offensichtlich, dass sie uns kaum bewusst werden: Ich werde zum Beispiel an meinem Aussehen oder meiner Stimme erkannt und den Brief meiner Freundin erkenne ich an ihrer Handschrift. Diese alltäglichen Mechanismen funktionieren in der Regel nicht mehr, wenn wir mit elektronischen Medien kommunizieren.

Die Methoden zur Lösung dieser Probleme fallen unter den Begriff **Authentifikation** („authentisch" bedeutet „echt"). Man unterscheidet **Teilnehmerauthentifikation** („peer entity authentication"), deren Ziel es ist, die Identität einer Person oder Instanz nachzuweisen, und **Nachrichtenauthentifikation** („message authentication"), bei der es sowohl darum geht, den Ursprung einer Nachricht zweifelsfrei zu belegen als auch Veränderungen der Nachricht zu erkennen.

1.2.1 Teilnehmerauthentifikation

Ein typisches Beispiel für die Teilnehmerauthentifikation ist der Nachweis meiner Identität einem Rechner gegenüber, etwa einem Geldausgabeautomaten. Jeder solche Automat muss sich überzeugen, dass wirklich derjenige vor ihm steht, dem die Karte gehört, die er eben gelesen hat. Dieses Beispiel zeigt auch, wie ich den Beweis meiner Identität erbringen kann, nämlich durch Eingabe meiner Geheimzahl.

Allgemein gilt offenbar: Ich weise meine Identität dadurch nach, dass ich nachweise, etwas zu haben, was kein anderer hat.

Wir unterscheiden drei verschiedene Arten von „Objekten", die nur mir eigen sind. Zunächst kann es sich um eine mich eindeutig kennzeichnende biologische Eigenschaft handeln: Einen Fingerabdruck, meine Stimme oder meine Unterschrift. Zweitens könnte ich meine Identität nachweisen, indem ich nachweise, etwas Einzigartiges zu haben, etwa meinen Personalausweis. Schließlich kann ich versuchen, meine Identität durch Wissen nachzuweisen; dabei muss es sich aber um Wissen handeln, das grundsätzlich anderen nicht zur Verfügung steht. Wir sagen dazu auch „Geheimnis".

In der Kryptographie beschäftigen wir uns vor allem mit dem Nachweis der Identität durch geheimes Wissen. Das heißt: Ich stelle meine Identität dadurch unter Beweis, dass ich nachweise, ein bestimmtes Geheimnis zu besitzen. Je nach Zusammenhang wählt man verschiedene Namen für dieses Geheimnis, zum Beispiel „Geheimzahl", „PIN" (Persönliche Identifizierungsnummer) oder „kryptographischer Schlüssel".

Das „einzige" Problem, welches man klären muss ist die Frage, *wie* ich einen anderen davon überzeugen kann, dass ich ein bestimmtes Geheimnis besitze. Man kann hierzu prinzipiell zwei Unterscheidungen treffen. Zum einen könnte man unterscheiden, ob ich mein Geheimnis dem Gegenüber direkt (ungeschützt) übermittle, oder ob das Geheimnis selbst nicht übertragen wird, sondern nur indirekt erschlossen wird. Die zweite Dimension der Unterscheidung besteht darin zu fragen, ob mein Gegenüber zur Verifikation mein Geheimnis braucht oder ob er dafür mit allgemein zugänglichen öffentlichen Daten auskommt.

1.2.2 Nachrichtenauthentifikation

Die Authentizität eines Dokuments wird im täglichen Leben unter anderem auf folgende Weisen gewährleistet.

- *Unterschriften:* Durch eine Unterschrift, ein Siegel oder einen Dienststempel wird der Aussteller des Dokuments identifiziert, also die Herkunft eines Dokuments festgehalten.
- *Echtheitsmerkmale:* Ein weiteres wichtiges Beispiel sind die Echtheitsmerkmale in Geldscheinen (Silberfaden, Wasserzeichen, Kippeffekt usw.) In diese Rubrik fällt auch der fälschungssichere Personalausweis: Durch das Einschweißen in Plastik wird das Dokument unmanipulierbar.

Wenn man diese Beispiele vom höheren Standpunkt aus betrachtet, erkennt man: Der Ersteller der Erklärung besitzt eine Information oder eine Fähigkeit, die für ihn charakteristisch ist. Er verknüpft diese Information mit dem Dokument bzw. nutzt seine Fähigkeit, es zu gestalten, und erhält so ein authentisches Dokument. Anders ausgedrückt: Der Ersteller besitzt ein „Geheimnis", mit dessen Hilfe er das Dokument authentisch macht.

Wie bei der Teilnehmerauthentifikation unterscheiden sich die einzelnen Authentifikationsverfahren danach, ob man zur Überprüfung das Geheimnis benötigt oder nicht. Wenn zur Verifikation kein Geheimnis benötigt wird, spricht man von einem **Signaturverfahren.**

1.3   Anonymität

Kann ich, auch wenn ich elektronisch kommuniziere, meine Privatsphäre schützen? Genauer gefragt: Kann ich mit jemandem kommunizieren, vielleicht ein Geschäft abwickeln, ohne dass anschließend jemand weiß, dass ich daran beteiligt war?

In vielen Situationen soll nicht nur der Inhalt einer Nachricht geheim bleiben, sondern auch der Sender, der Empfänger oder sogar die Tatsache, dass diese beiden kommunizieren:

- Das Bezahlen mit Bargeld ist ein anonymer Geschäftsvorgang. An den Münzen, mit denen ich bezahlt habe, kann niemand meine Identität erkennen.
- Anrufe bei karitativen Organisationen (Telefonseelsorge, Anonyme Alkoholiker, …) müssen so erfolgen, dass der Anrufer jedenfalls diesen Organisationen gegenüber anonym bleiben kann. Eine entsprechende

Garantie wünschen sich viele auch bei den anonymen Beratungsdiensten im World Wide Web.

- Bei Chiffreanzeigen in Zeitungen bleibt der Name desjenigen, der die Annonce aufgegeben hat, unbekannt.

Bei elektronischer Kommunikation ist es schwierig, die Forderungen nach Anonymität und Verlässlichkeit in Einklang zu bringen. Die üblichen Verfahren zum elektronischen Bezahlen (electronic cash) gewähren keinerlei Anonymität. Auf den ersten Blick scheint es so zu sein, dass der Händler den Namen des Kunden kennen muss, um den elektronischen Zahlungsvorgang vollständig abwickeln zu können.

Wir werden aber sehen, dass auch in elektronischen Netzen Anonymität auf sehr hohem Niveau möglich ist.

1.4 Protokolle

Wenn mehrere Personen oder Instanzen gemeinsam ein Ziel verfolgen, müssen sie kooperieren und zu diesem Zweck sinnvoll kommunizieren. Um ein Ziel durch Kommunikation zu erreichen, müssen sich die Personen an gewisse Regeln halten; solche Regeln können sie sich selbst geben oder von außen übernehmen. Die Gesamtheit dieser Regeln nennt man ein **Protokoll.**

Im alltäglichen Sprachgebrauch kennen wir das Wort „Protokoll" aus der Politik („diplomatisches Protokoll"). Tatsächlich stellt zum Beispiel die Geschäftsordnung des Deutschen Bundestags ein Protokoll dar; denn dort sind die Verfahren festgelegt, welche die Mitglieder des Bundestags einhalten müssen, um die Ziele (etwa die Verabschiedung des Haushaltsgesetzes) zu erreichen.

Ein anderes Beispiel für ein Protokoll sind die Regeln, nach denen ein Kunde sich an einem Geldausgabeautomaten Geld holen kann: Nach Einführen der Karte wird der Kunde aufgefordert, seine Geheimzahl einzugeben. Danach wählt er den Betrag aus und erhält dann das Geld.

Warum spielen kryptographische Protokolle in den letzten Jahren eine so herausragende Rolle? Dies hat verschiedene Gründe:

- Die Public-Key-Kryptographie wurde ursprünglich dazu erfunden, die Hauptprobleme der klassischen Kryptographie, nämlich Schlüsselaustausch und elektronische Unterschrift, zu lösen (vgl. hierzu [Dif92]). Es zeigte sich jedoch bald, dass diese neue Methode ein wesentlich größeres Potential in sich birgt; die Grundmechanismen der Public-Key-Kryptographie dienen als Bausteine für komplexe Protokolle. Noch allgemeiner:

Durch die Public-Key-Kryptographie wurde die Anwendungsmöglichkeit weiter Teile der Mathematik entdeckt; prominentestes Beispiel hierfür ist die Zahlentheorie. Dies hat die Phantasie der Wissenschaftler stimuliert, die dort die richtigen Bausteine für ihre Protokolle fanden. Kurz: Die Wissenschaftler haben Protokolle studiert und erarbeitet, weil sie endlich das Grundmaterial dafür zur Verfügung hatten.

- In den letzten Jahren erleben wir eine verstärkte Nachfrage nach höherwertigen Sicherheitsdienstleistungen. Man möchte nicht nur Basisdienste, wie etwa Verschlüsselung und Authentifikation, sondern auch komplexe Anwendungen realisieren. Dazu gehören die elektronische Geldbörse, elektronische Verträge, abhörsichere Mobilfunksysteme usw. Um solche Dienstleistungen zu realisieren, braucht man hochwertige kryptographische Protokolle. Der zweite Grund für die intensive Beschäftigung mit Protokollen besteht also darin, dass Sicherheitsdienstleistungen nachgefragt wurden, die nur mit komplexen Protokollen zu realisieren sind.
- Dadurch, dass heute kryptographische Dienste nicht nur auf kleine geschlossene Benutzergruppen beschränkt sind, sondern auf große und offene Systeme, wie etwa das Internet, angewandt werden, wird auch bei traditionellen Anwendungen der Protokollaspekt deutlich. Eine Mindestanforderung an solche Systeme ist ein ausgefeiltes Schlüsselmanagement, das über entsprechende Protokolle realisiert werden muss.

Literatur

[Dif92]   Diffie, W.: The first ten years of public key cryptography. In: Simmons, G.J. (Hrsg.) Contemporary cryptology: the science of information integrity, S. 65–134. IEEE Press, New Jersey (1992)

[Beu14]   Beutelspacher, A.: Kryptologie, 10. Aufl. Springer, Wiesbaden (2015)

[Buc16]   Buchmann, J.: Einführung in die Kryptographie, 6. Aufl. Springer Verlag (2016)

Weiterführende Literatur

[Bau93]   Bauer, F.L.: Kryptologie, 2. Aufl. Springer Verlag, Heidelberg (1997)

[Hor85]   Horster, P.: Kryptologie. BI-Verlag, Mannheim (1985)

[Knu69]   Knuth, D.E.: Seminumerical Algorithms The Art of Computer Programming, Bd. 2. Addison-Wesley, Reading, Mass. (1969)

[Sch14]   Schwenk, J.: Sicherheit und Kryptographie im Internet, 5. Aufl. Springer (2020)

2

Kryptologische Grundlagen

In diesem Kapitel werden grundlegende kryptographische Mechanismen dargestellt. Diese wurden zunächst dafür entwickelt, die in Kap. 1 dargestellten Ziele zu verwirklichen. Für uns sind diese Mechanismen vor allem deswegen wichtig, weil sie als Grundbausteine komplexer Protokolle Verwendung finden.

2.1 Symmetrische Verschlüsselung

Der älteste Zweig der Kryptographie beschäftigt sich mit der Geheimhaltung von Nachrichten durch Verschlüsselung. Das Ziel ist dabei, die Nachricht so zu verändern, dass nur der berechtigte Empfänger, aber kein Angreifer diese lesen kann. Damit dies möglich ist, muss der Empfänger dem Angreifer eine Information voraushaben. Diese geheime Information wird **Schlüssel** genannt; mithilfe des Schlüssels kann der Empfänger den empfangenen Geheimtext **entschlüsseln.**

In der klassischen Kryptologie wird dies so realisiert, dass auch der Sender diesen geheimen Schlüssel besitzt, und sich Sender und Empfänger mithilfe ihres geheimen Schlüssels gegen die Außenwelt schützen. Man nennt solche Verfahren auch **symmetrische** Verschlüsselungsverfahren.

Abb. 2.1 stellt ein „mentales Modell" für symmetrische Verschlüsselung dar. Verschlüsselung schützt die Nachricht vor dem Gelesenwerden. Man kann sich vorstellen, dass der Sender die Nachricht in einen „Tresor" legt und diesen mithilfe seines „Schlüssels" abschließt. Dann schickt er Tresor

© Der/die Autor(en), exklusiv lizenziert an Springer-Verlag GmbH, DE, ein Teil von Springer Nature 2022
A. Beutelspacher et al., *Moderne Verfahren der Kryptographie*,
https://doi.org/10.1007/978-3-662-65718-8_2

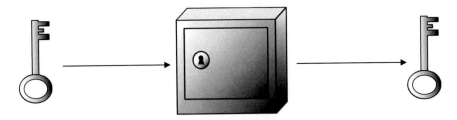

Abb. 2.1 Mentales Modell der symmetrischen Verschlüsselung

samt Inhalt an den Empfänger. Nur dieser hat einen Zweitschlüssel, um den Tresor zu öffnen und die Nachricht zu lesen. In der Kryptographie werden die Nachrichten allerdings nicht durch physikalische Maßnahmen geschützt, sondern durch wesentlich elegantere, sicherere und kostengünstigere mathematische Methoden.

Genauer gesagt: Ein symmetrischer Verschlüsselungsalgorithmus besteht aus einer Funktion f mit zwei Eingabewerten, dem Schlüssel k und dem Klartext m, und einer Ausgabe, dem Geheimtext c. Eine Verschlüsselungs-funktion muss **umkehrbar** sein, d. h. es muss eine Funktion f^* geben, welche die Verschlüsselung rückgängig macht. Das heißt, dass f^* unter dem gleichen Schlüssel k aus dem Geheimtext c wieder den Klartext m rekonstruiert.

Der Sender verschlüsselt eine Nachricht m, indem er

$$c = f(k, m)$$

berechnet, wobei k der gemeinsame geheime Schlüssel von Sender und Empfänger ist. Alternativ schreiben wir auch

$$c = f_k(m)$$

Der Empfänger kann mithilfe desselben Schlüssels k den Geheimtext ent-schlüsseln, indem er

$$f^*(k, c) = m$$

berechnet. Dieser Vorgang ist schematisch in Abb. 2.2 dargestellt.

Man muss grundsätzlich davon ausgehen, dass sowohl Ver- als auch Ent-schlüsselungsfunktion bekannt sind (Kerckhoffsches Prinzip, [Ker83a], [Ker83b]). Es gibt zwar auch geheime Verschlüsselungsverfahren, doch jeder praktisch eingesetzte Algorithmus geht bei der Entwicklung, Spezifikation, Normung, Programmierung, Evaluierung und Implementierung durch so viele Hände, dass es großer Sicherheitsvorkehrungen bedarf, um ihn wirk-lich geheim zu halten.

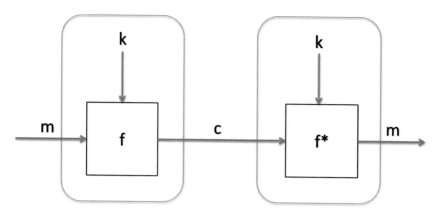

Abb. 2.2 Funktionsschema der symmetrischen Verschlüsselung

Eine Verschlüsselungsfunktion f ist **sicher** im Hinblick auf die nachfolgend aufgeführten Angreifermodelle, wenn sie die dort beschriebenen Angriffe übersteht:

- **Ciphertext-Only-Angriff:** Der Angreifer kennt eine begrenzte Anzahl von Geheimtexten und möchte daraus die zugehörigen Klartexte bzw. den verwendeten Schlüssel berechnen.
- **Known-Plaintext-Angriff:** Der Angreifer kennt eine begrenzte Anzahl von Geheimtexten mit den zugehörigen Klartexten und möchte daraus den verwendeten Schlüssel bzw. den Klartext zu einem weiteren Chiffretext berechnen.
- **Chosen-Plaintext-Angriff:** Der Angreifer hat Zugang zu der mit dem Schlüssel k parametrisierten Verschlüsselungsfunktion. Er kann den Schlüssel zwar nicht auslesen, aber bestimmte von ihm ausgewählte Klartexte (z. B. spezielle Klartexte wie „100.000.000") mit Hilfe von $f(k,)$ verschlüsseln. Mithilfe dieser Information möchte er andere Geheimtexte entschlüsseln bzw. den Schlüssel k berechnen (dieser Angriff erscheint zunächst etwas akademisch, er stellt aber bei der im nächsten Kapitel eingeführten Public-Key Kryptographie eine echte Bedrohung dar).
- **Chosen-Ciphertext-Angriff:** Der Angreifer hat Zugang zu der mit dem Schlüssel k parametrisierten Entschlüsselungsfunktion $f^*(k,)$. Er kann den Schlüssel zwar nicht auslesen, aber bestimmte von ihm ausgewählte Geheimtexte mit Hilfe von $f^*(k,)$ entschlüsseln. Mithilfe dieser Information versucht er, den Schlüssel k zu berechnen.

Die Algorithmen zur symmetrischen Verschlüsselung von Daten unterteilt man in **Blockchiffren** und **Stromchiffren**.

2.1.1 Blockchiffren

Bei einer **Blockchiffre** (Abb. 2.3) wird die Nachricht in Blöcke $m_1, m_2, m_3, \ldots$ fester Länge eingeteilt (typische Werte sind 64 und 128 Bit), und jeder Block m_i wird unter Verwendung des Schlüssels verschlüsselt (Electronic-Codebook-Modus, ECB):

$$c_i = f(k, m_i)$$

Für Blockchiffren gibt es weitere Verschlüsselungsmodi, die z. B. in [Sch20] beschrieben sind.

Beispiele für Blockchiffren sind der **DES** (Data Encryption Standard, [FIPS77]) und der **AES** (Advanced Encryption Standard).

DES verwendet eine Blocklänge von 64 Bit, und die effektive Schlüssellänge beträgt 56 Bit. AES besitzt eine Blocklänge von 128 Bit, und eine Schlüssellänge von 128, 192 oder 256 Bit. DES wurde 1977 veröffentlicht und hat sich lange Zeit als sehr zuverlässig erwiesen. Allerdings ist seine Schlüssellänge von nur 56 Bit der heute verfügbaren Rechenleistung nicht mehr gewachsen: Am 19. Januar 1999 wurde ein DES-Schlüssel mit einem Known-Plaintext-Angriff durch vollständige Suche in nur 22 h und 15 min berechnet [EFF99].

Der Nachfolger des DES ist der **AES** (Advanced Encryption Standard), der nach langen und intensiven Studien am 2.10.2000 veröffentlicht wurde. Es handelt sich um eine von J. Daemen und V. Rijmen entwickelte Blockchiffre, die Blocklängen von 128 Bit und Schlüssellängen von 128, 192 oder 256 Bit zulässt. Eine AES-Operation besteht aus 10 bis 14 Runden, abhängig von der Schlüssellänge. Intern werden die Daten als Folge von Bytes behandelt, die in einer vierzeiligen Matrix angeordnet sind. Neben der Addition entsprechender Rundenschlüssel besteht die Verschlüsselungsoperation aus einer Byte-Substitution, einer zyklischen Verschiebung der

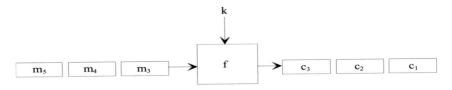

Abb. 2.3 Blockchiffre

Zeilen der Matrix und einer Transformation der Spalten der Matrix; diese Operationen werden in jeder Runde wiederholt. Bei der ersten und dritten Operation wird in wesentlicher Weise die Tatsache benützt, dass man ein Byte auch als Element des Körpers $GF(2^8)$ auffassen kann (siehe [Mey76]). Für weitere Details siehe [NIST00].

Blockchiffren können in verschiedenen Modi betrieben werden, die z. B. in [Bih93] oder [Sch20] beschrieben werden. Weitere Informationen über diese und andere Blockchiffren findet man z. B. im Buch von Fumy und Ries [FR94] oder von Paar und Pelzl [PP10].

2.1.2 Stromchiffren

Bei einer **Stromchiffre** wird eine Nachricht zeichenweise verschlüsselt. Hierzu wird ein Schlüsselstrom erzeugt, der die gleiche Länge hat wie der Klartext, sodass jeweils ein Klartextzeichen mit einem Schlüsselzeichen zu einem Chiffretextzeichen verknüpft werden kann. Während also bei einer Blockchiffre (jedenfalls im Grundmodus) gleiche Klartextblöcke in gleiche Geheimtextblöcke überführt werden, so wird (und sollte) eine Stromchiffre gleiche Klartextzeichen nicht in gleiche Geheimtextzeichen verschlüsseln.

Der Prototyp aller Stromchiffren ist das **One-Time-Pad** (Abb. 2.4). Dazu muss die Nachricht als Folge von Bits vorliegen. Der Schlüssel ist ebenfalls eine Folge von Bits, die (im Gegensatz zu den Bits der Nachricht) zufällig und unabhängig voneinander gewählt wurden. Die Verschlüsselung ist denkbar einfach: Entsprechende Bits des Klartextes und des Schlüssels werden modulo 2 addiert, es gilt also

$$0 \oplus 0 = 0, 0 \oplus 1 = 1 \oplus 0 = 1 \text{ und } 1 \oplus 1 = 0$$

In diesem Fall verläuft die Entschlüsselung genauso wie die Verschlüsselung, es ist also $f^* = f$: Zur Geheimtextfolge wird die Schlüsselfolge modulo 2 addiert, und man erhält wieder den Klartext.

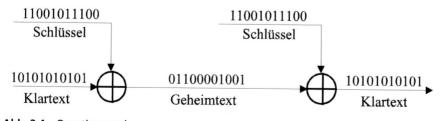

Abb. 2.4 One-time-pad

Wenn der Schlüssel nur einmal verwendet wird, ist dies ein absolut sicheres Verfahren, dessen Sicherheit sogar theoretisch bewiesen werden kann. Allerdings hat es den Nachteil, dass der Schlüssel genauso lang sein muss wie der Klartext [Sha49]. Wird derselbe Schlüssel mehrmals verwendet, so kann das System mit einem Known-Plaintext-Angriff gebrochen werden.

Bemerkung: Unter einem One-Time-Pad kann man sich einen Abreißblock vorstellen. Auf jedem Blatt steht ein Schlüsselbit; wenn dieses verwendet wurde, wird das Blatt abgerissen und weggeworfen.

In der Praxis benutzt man in der Regel keine perfekten Stromchiffren, sondern setzt zur Erzeugung der Schlüsselfolge einen Pseudozufallsgenerator ein (siehe Abschn. 8.6). Der Vorteil ist dabei, dass nur eine kurze geheime Information zur Initialisierung des Pseudozufallsgenerators benötigt wird; wie bei den Blockchiffren muss also nur eine kurze geheime Information vom Sender zum Empfänger übertragen werden.

Man kann die Herausforderung, die in der Konstruktion praktischer symmetrischer Verschlüsselungsalgorithmen liegt, wie folgt ausdrücken: Man konstruiere ein Verfahren, mit dem man die vertrauliche Übertragung beliebig vieler, beliebig langer Nachrichten auf die einmalige geheime Übermittlung eines kurzen Datensatzes (nämlich des Schlüssels) zurückführen kann.

2.2   Asymmetrische Verschlüsselung

Wir haben uns im vorigen Abschnitt klargemacht, dass zumindest der Empfänger einer verschlüsselten Nachricht einen geheimen Schlüssel braucht. Jahrhundertelang ging man davon aus, dass auch der Sender einen geheimen Schlüssel, und zwar den gleichen wie der Empfänger, benötigt. Die Geburtsstunde der **asymmetrischen Kryptographie (Public-Key-Kryptographie)** schlug, als die Frage, ob dies so sein müsse, ernsthaft gestellt wurde. Die sich daran anschließenden Überlegungen führten W. Diffie und M. Hellman 1976 zum Konzept des asymmetrischen Verschlüsselungsverfahrens [DH76].

Man kann sich asymmetrische Verschlüsselung als Briefkasten vorstellen, in den der Sender die Nachricht wirft (Abb. 2.5). Das Einwerfen der Nachricht in den Briefkasten entspricht der Verschlüsselung mit dem öffentlichen Schlüssel des Empfängers: Jeder Teilnehmer kann das machen. Nur der Empfänger ist aber in der Lage, mit seinem geheimen Schlüssel den Briefkasten zu öffnen und die Nachricht zu lesen.

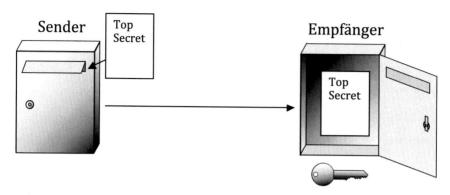

Abb. 2.5 Asymmetrische Verschlüsselung

Jedem Teilnehmer T des Systems wird ein privater Schlüssel $d = d_T$ und ein so genannter **öffentlicher Schlüssel** $e = e_T$ zugeordnet. Wie die Namen der beiden Schlüssel schon andeuten, ist dabei nur d_T geheim zu halten; er ist der eigentliche Schlüssel im Sinne von Abschn. 2.1 und wird daher auch oft als **geheimer Schlüssel** bezeichnet. Im Gegensatz dazu sollte e_T möglichst vielen Personen zugänglich sein.

Der Algorithmus f ordnet unter einem öffentlichen Schlüssel e jedem Klartext m einen Geheimtext

$$c = f_e(m)$$

zu. Umgekehrt ordnet f unter jedem privaten Schlüssel d jedem Geheimtext c einen Klartext

$$m' = f_d(c)$$

zu (Abb. 2.6). Dabei müssen die folgenden Eigenschaften erfüllt sein.

- **Korrekte Entschlüsselung:** Bei der Entschlüsselung muss der korrekte Klartext reproduziert werden:

$$m' = f_d(c) = f_d(f_e(m)) = m$$

- **Public-Key-Eigenschaft:** Es ist praktisch unmöglich, aus der Kenntnis des öffentlichen Schlüssels e auf den privaten Schlüssel d zu schließen.

Der RSA-Algorithmus ist der Prototyp für Public-Key-Kryptographie schlechthin; er wird in Abschn. 2.10 behandelt.

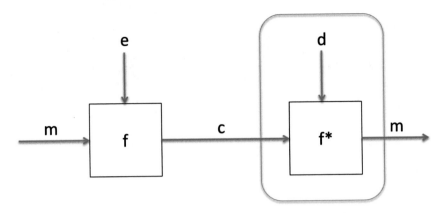

Abb. 2.6 Funktionsschema der asymmetrischen Verschlüsselung. *Nur die Entschlüsselung muss in einer sicheren Umgebung vonstattengehen, um den privaten Schlüssel d zu schützen*

2.3 Einwegfunktionen

Eine Einwegfunktion ist eine Funktion, die einfach auszuführen, aber schwer – praktisch unmöglich – zu invertieren ist. Eine Einwegfunktion kann also nur in eine Richtung genutzt werden – analog zu einer Einbahnstraße (Abb. 2.7). Etwas genauer formulieren wir: Eine Einwegfunktion ist eine Abbildung f einer Menge X in eine Menge Y, sodass $f(x)$ für jedes Element von $x \in X$ leicht zu berechnen ist, während es für jedes $y \in Y$ praktisch unmöglich ist, ein Urbild x (d. h. ein x mit $f(x) = y$) zu finden.

Wenn eine Einwegfunktion f *bijektiv*, also eine *Permutation* ist, so spricht man auch von einer Einwegpermutation. Eine Einwegfunktion heißt kollisionsfrei, falls es praktisch unmöglich ist, zwei verschiedene Werte x und x' in der Urbildmenge X zu finden mit

$$f(x) = f(x')$$

Abb. 2.7 Eine Einwegfunktion im Straßenverkehr

Jede Einwegpermutation ist kollisionsfrei, da jeder Funktionswert nur genau ein Urbild hat. Weitere Eigenschaften von Einwegfunktionen werden z. B. in [MOV97] diskutiert.

Ein alltägliches Beispiel für eine Einwegfunktion ist ein Telefonbuch; die auszuführende Funktion ist die, einem Namen die entsprechende Telefonnummer zuzuordnen. Da die Namen alphabetisch geordnet sind, ist diese Zuordnung einfach auszuführen. Aber ihre Invertierung, also die Zuordnung eines Namens zu einer *gegebenen* Nummer, ist offensichtlich viel schwieriger, wenn man nur ein Telefonbuch zur Verfügung hat.

Einwegfunktionen spielen sowohl in der theoretischen als auch in der praktischen Kryptographie eine entscheidende Rolle. In der Theorie kann man fast alle kryptographischen Begriffe auf den Begriff der Einwegfunktion zurückführen. Leider weiß man bis heute nicht, ob es Einwegfunktionen überhaupt gibt. Man kann zeigen, dass Einwegfunktionen genau dann existieren, wenn $\mathbf{P} \neq \mathbf{NP}$ gilt (vgl. [BDG88], S. 63). Diese berühmte Vermutung aus der Komplexitätstheorie (siehe Abschn. 9.7) widersteht aber bisher erfolgreich allen Bemühungen, sie zu beweisen. Nach heutigem Wissensstand sind die diskreten Exponentialfunktionen ebenso wie das Quadrieren modulo n (mit $n = pq$) Einwegfunktionen (vgl. die Abschn. 9.3 und 9.4).

Eine wichtige Klasse von Einwegfunktionen sind die, die man aus symmetrischen Verschlüsselungsverfahren konstruieren kann. Dazu wählt man ein solches Verfahren $f(\cdot, \cdot)$ sowie eine feste Nachricht m_0 und erhält die Einwegfunktion

$$F(\cdot) := f(\cdot, m_0)$$

indem man das Argument von F anstelle des Schlüssels in $f(\cdot, m_0)$ einsetzt. Bei einem symmetrischen Verschlüsselungsverfahren muss es auch bei Kenntnis von Klar- und Geheimtext unmöglich sein, auf den verwendeten Schlüssel zu schließen (Known-Plaintext-Angriff); diese Eigenschaft von f garantiert, dass die Funktion F eine Einwegfunktion ist.

Achtung: Die oben beschriebene Konstruktion ist nicht symmetrisch bezüglich der beiden Argumente von f. Wählt man anstelle eines konstanten Klartextes einen konstanten Schlüssel, so ist die sich daraus ergebende Funktion $G(\cdot) := f(k_0, \cdot)$ *keine* Einwegfunktion, denn man kann für einen Wert y leicht ein Urbild $x = f^*(k_0, y)$ berechnen.

2.4   Kryptographische Hashfunktionen

In der Kryptographie dienen Hashfunktionen dazu, einen nicht manipulierbaren „Fingerabdruck" von Nachrichten herzustellen. Eine **Einweg-Hashfunktion** oder **kryptographische Hashfunktion** ist eine kollisionsfreie Einwegfunktion, die Nachrichten beliebiger Länge auf einen Hashwert einer festen Länge (typische Werte: 128, 160 oder 256 Bit) komprimiert.

Ein geeignetes mentales Modell, um sich die Eigenschaften von Hashfunktionen vor Augen zu führen, ist ein menschlicher Fingerabdrucks: Aus einem Fingerabdruck kann ich nicht auf den zugehörigen Menschen schließen (Einwegeigenschaft), es ist unmöglich, zu einer Person und ihrem Fingerabdruck eine zweite Person zu finden, die den gleichen Fingerabdruck hat (Unmöglichkeit, ein zweites Urbild zu finden), und es sollte ebenfalls unmöglich sein, zwei Personen mit dem gleichen Fingerabdruck zu finden (Kollisionsresistenz).

Einfache Prüfsummen („checksums") sind nicht brauchbar als kryptographischen Hashfunktionen, da es leicht möglich ist, verschiedene Nachrichten mit derselben Prüfsumme zu konstruieren: Stellen wir uns eine Überweisung vor, bei der ein Betrag von € 2580,– auf das Konto 82.677.365 übertragen werden soll. Die Prüfsumme sei die Quersumme aller in dieser Überweisung auftretenden Ziffern. Braucht nun ein Angreifer mit der Kontonummer 71.234.599 Geld, so muss er nur zusätzlich zur Kontonummer noch den Betrag in € 2980,– abändern, und die Prüfsumme merkt den Betrug nicht:

$$2 + 5 + 8 + 0 + 8 + 2 + 6 + 7 + 7 + 3 + 6 + 5 = 59$$

$$2 + 9 + 8 + 0 + 7 + 1 + 2 + 3 + 4 + 5 + 9 + 9 = 59$$

Es scheint in der Praxis außerordentlich schwierig zu sein, gute kryptographische Hashfunktionen zu finden. Praktisch eingesetzte Hashfunktionen sind MD5 (unsicher) und SHA-1 (nicht mehr sicher) und SHA-256; vom Einsatz von MD5 ist abzuraten, da man hier Kollisionen konstruieren kann [WY05]. Einen Überblick zu diesem Thema bieten [Heise05, BR05].

Ein weiteres mentales Modell für Hashfunktionen aus dem täglichen Leben ist der Übergang von einem Rezept zum Essen bzw. Getränk. So scheint es beispielsweise weder möglich zu sein, aus der Analyse von Coca-Cola auf das Rezept zu schließen (Einwegeigenschaft), noch kann man ein anderes Rezept (eine Kollision) für dieses Getränk finden.

2.5 Message Authentication Codes

In die Berechnung einer Hashfunktion können natürlich auch geheime Schlüssel einfließen. Dadurch können nur diejenigen Teilnehmer die Hashwerte berechnen, die auch den geheimen Schlüssel k kennen. Einfache Konstruktionen wie $f(k, m) := hash(k\|m)$ oder $f(k, m) := hash(m\|k)$, bei denen Schlüssel und Zähler einfach konkateniert werden, weisen leider Schwächen auf.

Gut untersucht und beweisbar sicher ist allerdings die **HMAC-Konstruktion** [Bel15]:

$$f(k, z) := hash(k\|00\ldots00 \oplus opad\|hash(k\|00\ldots00 \oplus ipad \| z))$$

Bei dieser Konstruktion wird zunächst der (möglicherweise mit Nullbits verlängerte) Schlüssel mit einer Konstante *ipad* XOR-verknüpft, mit dem Zähler z konkateniert und aus diesem Wert ein erster Hashwert berechnet. Bei der zweiten Hashwertberechnung, die das Ergebnis liefert, wird der Schlüssel mit einer anderen Konstante *opad* XOR-verknüpft und dann mit dem ersten Hashwert konkateniert.

Die HMAC-Konstruktion ist die in der Praxis am häufigsten eingesetzte Konstruktion zur Implementierung von **Message Authentication Codes (MAC)**, dem symmetrischen Äquivalent von digitalen Signaturen (Abb. 2.8).

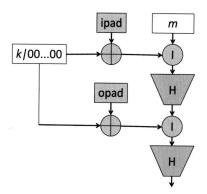

Abb. 2.8 Die HMAC-Konstruktion. Für H kann eine beliebige Hashfunktion eingesetzt werden, die Längen der Konstanten ipad und opad wird an die interne Blocklänge der jeweiligen Hashfunktion angepasst

2.6   Authenticated Encryption

Kombiniert man die Verschlüsselung einer Nachricht (die nur die Vertraulichkeit der Nachricht schützt) mit der Berechnung eines MAC (der die
Integrität schützt), so spricht man von **authentifizierter Verschlüsselung**
(authenticated encryption).

Bei der Kombination beider Verfahren gibt es unterschiedliche Strategien:
Man kann den MAC über den Klartext bilden und dann Beides ver-
schlüsseln (MAC-then-Encrypt), man kann nur den Klartext verschlüsseln
(MAC-and-Encrypt), oder man kann erst den Klartext verschlüsseln und
danach den MAC über den Chiffretext bilden (Encrypt-then-MAC).
Bellare und Namprempre [BN08] haben die Sicherheitseigenschaften dieser
Varianten verglichen.

Seit der Beschreibung von Padding-Oracle-Angriffen durch Serge
Vaudenay [Vau02] und dem Auffinden zahlreicher Padding-Oracle-
Schwachstellen in realen Implementierungen [40] geht man heute davon
aus, dass eine Verschlüsselung ohne MAC möglicherweise nicht einmal die
Vertraulichkeit einer Nachricht schützen kann, und dass auch MAC-then-
Encrypt keinen hinreichenden Schutz bietet. Daher ist in den letzte Jahren
Encrypt-then-MAC zum de-facto-Standard geworden und ersetzt z. B. in
der neuesten Version von TLS [Res18] alle anderen Verschlüsselungsmodi.

2.7   Trapdoor-Einwegfunktionen

Hashfunktionen werden in der Kryptographie häufig angewendet, ihr
Einsatzbereich ist aber auf Berechnungen beschränkt, die von *allen*
Beteiligten durchgeführt werden dürfen. Für die moderne Kryptographie
benötigt man daher noch ein weiteres Konzept, nämlich das der Trapdoor-
Einwegfunktion.

Eine Trapdoor-Einwegfunktion ist eine Einwegfunktion zu der es eine
Geheiminformation („Geheimtür", englisch „trapdoor") gibt, mit deren
Hilfe man die Funktion leicht invertieren kann. Zum Beispiel ist das
modulare Quadrieren

$$x \mapsto x^2 \bmod n$$

für $n = pq$ eine Trapdoor-Einwegfunktion, denn ohne Kenntnis der
Faktorisierung von n ist es praktisch unmöglich, diese Funktion zu
invertieren; mit Kenntnis der Faktorisierung ist dies allerdings einfach

(siehe Abschn. 8.3). Die Trapdoor-Information sind in diesem Fall also die Faktoren p und q.

Allgemein kann man zeigen, dass die **Potenzfunktion**

$$x \mapsto x^e \bmod n$$

für $n = pq$ eine Trapdoor-Einwegfunktion ist. Eine Trapdoor-Information ist dabei wiederum die Faktorisierung von n. Diese Trapdoor-Einwegfunktion wird beim RSA-Algorithmus verwendet.

Trapdoor-Einwegfunktionen können auch mit anderen mathematischen Strukturen konstruiert werden. So muss der Empfänger einer verschlüsselten Nachricht im ElGamal-Verschlüsselungsverfahren (Abschn. 3.5) als Trapdoor-Information den diskreten Logarithmus t seines öffentlichen Schlüssels $\tau = g^t$ kennen, um den Schlüssel k zur Entzifferung der Nachricht berechnen zu können.

2.8 Commitment und Bit-Commitment

Durch Anwendung von Einwegfunktionen kann man auch das nachfolgend beschriebene praktische Problem mit kryptographischen Mitteln lösen; wir werden diesem Problem im Laufe des Buches noch häufig begegnen.

Auf eine Ausschreibung hin reichen mehrere Firmen ein Angebot ein, das auch einen Kostenvoranschlag enthält. Die Firmen befürchten aber, dass das erste Angebot ihren Konkurrenten bekannt wird und diese ihren Preis anschließend entsprechend anpassen. Daher möchten sie ihren Kostenvoranschlag geheim halten; andererseits müssen sie sich natürlich auch auf einen bestimmten Betrag festlegen.

Im Alltag könnte man wie folgt vorgehen: Jede Firma hinterlegt den Preis für ihr Angebot in einem Tresor. Dieser wird verschlossen der ausschreibenden Stelle übergeben, während der Schlüssel bei der Firma bleibt. Wenn alle Angebote vorliegen, übersenden die Firmen ihre Schlüssel und die Tresore werden geöffnet.

Allgemein gesprochen geht es beim **Commitment** (englisch für „Festlegung") darum, dass eine Person A eine Nachricht m so hinterlegt, dass sie

1. von niemandem gelesen oder erraten werden kann und
2. von niemandem, insbesondere nicht von A, verändert werden kann.

Der naheliegende kryptographische Ansatz, die Nachricht verschlüsselt zu hinterlegen, funktioniert nicht ohne weiteres. In diesem Fall könnte A bei der Offenlegung der Nachricht vorsätzlich einen falschen Schlüssel angeben und so das Ergebnis der Entschlüsselungsoperation beeinflussen.

Man kann aber ein Commitment für eine Nachricht m realisieren, indem man mithilfe einer kollisionsfreien Einwegfunktion $f()$ den Wert $c = f(m)$ berechnet und veröffentlicht. Dabei ist die Einwegeigenschaft dafür verantwortlich, dass niemand m berechnen oder raten kann (1). Die Kollisionsfreiheit garantiert, dass niemand ein anderes m' mit $f(m') = c$ finden kann; somit kann auch A seine Nachricht nicht von abändern (2).

Ein Commitment-Protokoll besteht aus zwei Phasen, dem Festlegen und dem Öffnen des Commitments. Eine Partei A **legt** sich B gegenüber auf einen Datensatz m **fest,** indem sie $c = f(m)$ berechnet und an B sendet. A **öffnet** das Commitment, indem sie B das Urbild m von c mitteilt.

2.8.1 Bit-Commitment

Ein besonderer Fall tritt auf, wenn m sehr kurz ist, im Extremfall nur ein Bit lang. Hier würde der oben beschriebene Ansatz nicht mehr funktionieren – ein Angreifer könnte einfach die beiden möglichen Commitments $f(0)$ und $f(1)$ berechnen und diese beiden Werte mit c vergleichen.

Dieses **Bit-Commitment-Problem** kann aber wie folgt gelöst werden: Man legt sich nicht nur auf das Bit b, sondern zusätzlich noch auf eine hinreichend große Zufallszahl r fest. Dazu veröffentlicht man den Funktionswert $f(b, r)$, wobei $f()$ eine Einwegfunktion ist. Als Einwegfunktion kann eine kollisionsfreie Hashfunktion genutzt werden, es reicht aber, wenn die Kollisionsfreiheit nur für das erste Argument garantiert sein ist, d. h. es muss unmöglich sein, Zufallszahlen r, s mit $f(0, r) = f(1, s)$ zu finden.

Eine für den Rest dieses Buches wichtige Realisierung einer solchen Funktion f ist die folgende:

$$f(b, r) := y^b r^2 \bmod n$$

wobei $n = pq$ das Produkt zweier großer Primzahlen und y ein fester quadratischer Nichtrest modulo n mit Jacobisymbol $+ 1$ ist.

Quadratische Reste und das Jacobisymbol werden in den mathematischen Grundlagen in Abschn. 9.3 erläutert. Die Gesamtfunktion ist eine Einwegfunktion, aber diese ist nicht kollisionsfrei, da die Zahl r^2 insgesamt vier Quadratwurzeln modulo n besitzt. Sie ist aber kollisionsfrei bezüglich der ersten Komponente, da $f(0, r)$ immer ein quadratischer Rest und $f(1, r)$ immer ein quadratischer Nichtrest ist.

2.9 Digitale Signatur

Digitale Signaturen realisieren einige Eigenschaften der handschriftlichen Unterschrift in elektronischer Form. Bei einer handschriftlichen Unterschrift bzw. beim handschriftlichen Unterschreiben lassen sich grundsätzlich die folgenden Eigenschaften unterscheiden (siehe dazu [GS91]):

- **Echtheitseigenschaft:** Diese stellt sicher, dass das Dokument wirklich vom Unterschreibenden stammt. Hier wird gefordert, dass ein enger Zusammenhang zwischen Dokument und Unterschrift besteht. Dies wird etwa dadurch erreicht, dass die Unterschrift und die unterschriebene Erklärung auf demselben Blatt stehen.
- **Identitätseigenschaft:** Jede digitale Signatur ist persönlich, d. h. sie kann nur von einem einzigen Menschen ausgestellt werden. Dies basiert auf der Schwierigkeit, eine handschriftliche Unterschrift zu fälschen.
- **Abschlusseigenschaft:** Diese signalisiert die Vollendung der Erklärung. Dies wird dadurch ausgedrückt, dass die Unterschrift am Ende der Erklärung steht.
- **Warneigenschaft:** Diese soll den Unterzeichnenden vor einer Übereilung bewahren. Die handschriftliche Unterschrift ist hinreichend komplex, und besteht zum Beispiel nicht nur aus einem Kreuz.

Außerdem weisen wir noch auf die **Verifikationseigenschaft** hin:

- Jeder Empfänger einer unterschriebenen Erklärung kann die Unterschrift verifizieren, etwa durch einen Unterschriftenvergleich.
- Mithilfe kryptographischer Mechanismen lassen sich fast alle dieser Eigenschaften übertragen, allerdings nicht die Warneigenschaft. Die Funktionsweise eines Signaturschemas kann man sich am Modell eines gläsernen Tresors verdeutlichen (Abb. 2.9). Nur der Eigentümer des Tresors besitzt den Schlüssel zum Öffnen, nur er kann also Nachrichten im Tresor deponieren. Daher muss man davon ausgehen, dass jede Nachricht im Tresor nur von dessen Eigentümer stammen kann. Eine Nachricht wird also durch Einschließen in den gläsernen Tresor signiert und kann dann von jedem anderen Teilnehmer verifiziert werden

Wir definieren ein **Signaturschema** wie folgt: Jedem Teilnehmer T des Systems sind eine Signaturfunktion $s_T()$ und eine Verifikationsfunktion $v_T()$ zugeordnet. Dabei ist $s_T()$ geheim, also nur T bekannt, während $v_T()$ eine

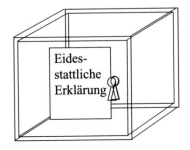

Abb. 2.9 Gläserner Tresor als Modell für die digitale Signatur

öffentlich zugängliche Funktion ist. Es ist praktisch nicht möglich, aus der öffentlichen auf die geheime Funktion zu schließen.

Ein Teilnehmer T unterschreibt eine Nachricht *m*, indem er seine Signaturfunktion anwendet; er erhält daraus die digitale Signatur

$$sig = s_T(m)$$

Er sendet sowohl *m* als auch *sig* an einen beliebigen Empfänger. Dieser ist in der Lage, mithilfe der öffentlichen Verifikationsfunktion die Korrektheit der Signatur zu überprüfen:

$$TRUE/FALSE = v_T(m, sig)$$

Die Bildung einer digitalen Signatur ist deutlich zu unterscheiden von der Anwendung einer kryptographischen Hashfunktion (vgl.   Abschn. 2.4). Zwar ist auch der Hashwert vom Dokument abhängig, aber nicht vom Signierer T. Hashfunktionen erfüllen somit nicht die Identitätseigenschaft.

Hashfunktionen spielen aber bei der praktischen Anwendung von Signaturschemata eine wichtige Rolle, da man Signaturen auf die folgende Weise berechnet (vgl. Abb. 2.10):

Zur Signaturerzeugung wird das Dokument zunächst durch eine öffentliche Hashfunktion $h()$ auf einen Wert $h(m)$ fester Länge komprimiert; danach wird dieser Hashwert der Signaturfunktion unterworfen:

$$sig = s_T(h(m))$$

Bei der Verifikation bildet man ebenfalls zunächst $h(m)$ und überzeugt sich dann, dass *sig* die zu $h(m)$ gehörende digitale Signatur ist.

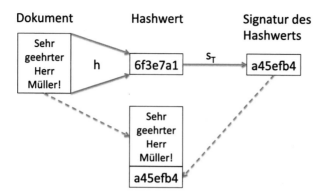

Abb. 2.10 Signieren einer Nachricht unter Verwendung einer Hashfunktion

2.10 Der RSA-Algorithmus

Der **RSA-Algorithmus** wurde 1978 von R. Rivest, A. Shamir und L. Adleman erfunden, als sie zu zeigen versuchten, dass Public-Key-Kryptographie unmöglich sei. Dieser Algorithmus kann sowohl zur Verschlüsselung als auch zur Erzeugung digitaler Signaturen verwendet werden.

Dem RSA-Algorithmus liegt der **Satz von Euler** zugrunde (vgl. Abschn. 8.2): *Sei n = pq das Produkt zweier Primzahlen p und q. Dann gilt für jede natürliche Zahl m ≤ n und jede natürliche Zahl k*

$$m^{k(p-1)(q-1)+1} \bmod n = m$$

Zur Realisierung des RSA-Algorithmus wählt man zwei natürliche Zahlen e und d, deren Produkt von der Form

$$e \cdot d = k(p-1)(q-1) + 1$$

mit $k \in N$ ist. Dann gilt

$$\left(m^e\right)^d \bmod n = \left(m^d\right)^e \bmod n$$

Zur Schlüsselerzeugung wie folgt vor: Für jeden Teilnehmer werden zwei verschiedene große Primzahlen p und q gewählt, deren Produkt $n = pq$ und die Zahl

$$\phi(n) = (p-1)(q-1)$$

berechnet.

Dann wählt man eine natürliche Zahl e, die teilerfremd zu $\phi(n)$ ist und berechnet (etwa mithilfe des erweiterten euklidischen Algorithmus, siehe Abschn. 8.1) eine Zahl d mit

$$e \cdot d \bmod \phi(n) = 1$$

Es gilt also, für eine natürliche Zahl k,

$$e \cdot d = k(p-1)(q-1) + 1$$

Dann ist (e, n) der öffentliche Schlüssel, und d ist der geheime Schlüssel des Teilnehmers. Die Zahlen p, q und $\phi(n)$ sind ebenfalls geheim zu halten; sie können aber auch gelöscht werden, da sie im laufenden Betrieb nicht verwendet werden müssen.

2.10.1   Der RSA-Algorithmus als Trapdoor-Einwegfunktion

Das modulare Potenzieren eines Wertes mit e ist eine Einwegfunktion; die Trapdoor, um die Umkehrfunktion zu berechnen, ist die Zahl d. Diese Zahl d ist allerdings nur eine von mehreren möglichen Trapdoor-Informationen: Auch die Kenntnis der Zahl $\phi(n)$ oder der Faktorisierung von n kann dazu benutzt werden, eine Umkehrfunktion zu konstruieren.

Public-Key-Eigenschaft Wenn man nur den Modulus n kennt (und nicht etwa die Faktoren p, q oder die Zahl $\phi(n)$), so kann man aus e nicht d berechnen.

2.10.2   Der RSA-Algorithmus als asymmetrisches Verschlüsselungsverfahren

Um eine Nachricht m zu **verschlüsseln,** wird diese modulo n mit e potenziert:

$$c = f_e(m) := m^e \bmod n$$

Um einen Chiffretext c zu **entschlüsseln,** wird dieser mit d potenziert.

$$m = f_d(c) := c^d \bmod n$$

Der Satz von Euler garantiert, dass das Ergebnis der Entschlüsselung korrekt ist.

$$c^d \bmod n = \left(m^e\right)^d \bmod n = m^{k(p-1)(q-1)+1} \bmod n = m$$

2.10.3   Der RSA-Algorithmus als Signaturverfahren

Um eine Nachricht m zu signieren, wird zunächst ein Hashwert $h(m)$ gebildet und dieser Hashwert dann mit d potenziert.

$$sig = s_T(m) := h(m)^d \bmod n$$

Eine Signatur sig wird dadurch verifiziert, dass auf sie der öffentliche Schlüssel e des Unterschreibenden T angewandt wird und das Ergebnis mit dem Hashwert der Nachricht m verglichen wird:

$$TRUE/FALSE = v_T(sig, m) = \left(sig^e \bmod n = h(m)\right)$$

2.10.4   Anmerkungen zum RSA-Algorithmus

- Die Sicherheit des RSA-Algorithmus hängt stark von der Schwierigkeit ab, große Zahlen zu faktorisieren; es ist aber nicht bewiesen, dass diese beiden Probleme gleichwertig sind.
- Derzeit werden für n Zahlen zwischen 1024 und 2048 Bit Länge benutzt. Nach neuesten Faktorisierungsergebnissen [BBFK05, Kle10], bei denen die RSA-640- und RSA-768-Challenges gebrochen wurden, ist eine Schlüssellänge von mindestens 1024 Bit zu empfehlen.
- Es gibt sowohl für asymmetrische Verschlüsselungsverfahren als auch für Signaturverfahren andere Beispiele. Klassiker sind die ElGamal-Algorithmen (siehe Abschn. 3.5 und 3.6), das McEliece-Verfahren [McE78] (basierend auf fehlerkorrigierenden Codes), das Merkle-Hellman-Verfahren [MH78] und das Chor-Rivest-Verfahren [CR88] (die beide „Rucksack"-Verfahren sind). Viele weitere Verfahren wurden inzwischen veröffentlicht. Der RSA-Algorithmus spielt in diesem Buch nicht nur wegen seiner Eleganz und Durchsichtigkeit eine wichtige Rolle, sondern ist auch Grundbaustein für komplexere Protokolle.

2.10.5 Angriffe auf den RSA-Algorithmus

Im Allgemeinen ist der RSA-Algorithmus ungebrochen – die hier beschriebenen Angriffe sind nur auf Spezialfälle anwendbar. Die Kenntnis der hier angeführten Angriffe hilft aber dabei, die Parameter für eine sichere Implementierung richtig zu wählen. Die meisten der hier beschriebenen Angriffe sind den Artikeln [Moo92], [Mas90] und [KR95] entnommen.

2.10.5.1 Die Homomorphie-Eigenschaft von RSA

Für zwei Chiffretexte, die mit dem gleichen RSA-Public-Key verschlüsselt wurden, gilt

$$c_1 c_2 = \left(m_1^e \bmod n\right)\left(m_2^e \bmod n\right) = (m_1 m_2)^e \bmod n$$

Man kann daher die Nachricht $m_1 m_2$ verschlüsseln, ohne m_1 oder m_2 zu kennen.

Der gleiche Angriff ist auch auf das RSA-Signaturverfahren ohne Hashwertbildung anwendbar: Aus zwei Signaturen, die mit dem gleichen Schlüssel erstellt wurden, kann man die Signatur des Produkts der beiden Nachrichten berechnen, ohne den privaten Schlüssel zu kennen.

$$sig_1 sig_2 = \left(m_1^d \bmod n\right)\left(m_2^d \bmod n\right) = (m_1 m_2)^d \bmod n$$

Man könnte beide Angriffe daran erkennen, dass die Nachrichten m_1 und m_2 „Sinn ergeben", die Nachricht $m_1 m_2$ aber nicht. Das liegt daran, dass durch die Multiplikation die Redundanz der Nachrichten (z. B. die Redundanz der natürlichen Sprache) zerstört wird. Möchte man nicht-redundante Werte signieren oder verschlüsseln(etwa Messwerte), so muss man vor dem Signieren Redundanz einfügen.

2.10.5.2 Generieren eines gültigen Nachricht-Signatur-Paares

Man kann mit dem RSA-Verfahren ohne Kenntnis des privaten Schlüssels leicht ein Paar (m^*, sig^*) erzeugen, bei dem sig^* eine gültige Signatur der „Nachricht" m^* ist. Dazu wählt man sig^* zufällig und bildet

$$m^* := \left(sig^*\right)^e \bmod n$$

Auch diesen Angriff kann man verhindern wenn man verlangt, dass die Nachricht m eine vorgegebene Struktur besitzen muss.

2.10.5.3 Verwendung kleiner Exponenten

Aus Effizienzgründen wird oft die Verwendung von kleinen öffentlichen Exponenten wie $e = 3$ oder $e = 17$ vorgeschlagen. Dies kann zu Problemen mit der Sicherheit des RSA-Verfahrens führen, die wir am Beispiel $e = 3$ erläutern wollen.

Ist m in Relation zum Modulus n sehr klein, so wird die für die Sicherheit der RSA-Verfahren wichtige modulare Reduktion ggf. nicht angewandt. Hat beispielsweise die Nachricht nur eine Länge von 128 Bit, der Modulus aber die Länge von 2048 Bit, so besitzt m^3 höchstens eine Länge von $3 \cdot 128 = 384$ Bit, ist also kleiner als der Modulus. In einem solchen Fall könnte man m durch Berechnung der dritten Wurzel von c in der Menge der ganzen Zahlen leicht berechnen.

Ein weiteres Beispiel: Wenn drei Teilnehmer die gleiche Nachricht m verschlüsseln, so kann aus den Kryptogrammen leicht der Klartext berechnen werden: Seien

$$c_1 = m^3 \bmod n_1$$

$$c_2 = m^3 \bmod n_2$$

$$c_3 = m^3 \bmod n_3$$

die von den einzelnen Benutzern gebildeten Chiffretexte. Wenn wir davon ausgehen, dass die einzelnen Moduli alle teilerfremd sind, können wir mithilfe des chinesischen Restsatzes die eindeutige Lösung

$$c = m^3 \bmod n_1 n_2 n_3$$

dieses Gleichungssystems berechnen. Da die Nachricht m kleiner sein muss als jeder der drei Moduli n_1, n_2 und n_3, ist m^3 auch kleiner als $n_1 n_2 n_3$. Wir erhalten

$$c = m^3 \bmod n_1 n_2 n_3 = m^3$$

Damit kann man m berechnen, indem man in der Menge der ganzen Zahlen die dritte Wurzel aus c zieht.

2.10.5.4 Mehrfache Verwendung einer Primzahl

Enthalten zwei RSA-Moduli n_1, n_2 die gleiche Primzahl p, so kann man beide leicht faktorisieren, indem man

$$ggT(n_1, n_2) = p$$

berechnet.

2.10.5.5 Gleicher Modulus für mehrere Benutzer

Verwenden zwei Teilnehmer A und B den gleichen RSA-Modul $n = pq$, so kann jeder die Nachrichten des anderen lesen. Teilnehmer B kennt nämlich die Exponenten e_A, e_B und d_B. Er berechnet

$$h = \frac{e_B d_B - 1}{ggT(e_A, e_B d_B - 1)} = \frac{kgV(e_A, e_B d_B - 1)}{e_A}$$

Die Zahl h ist ein Vielfaches von $\phi(n) = (p-1)(q-1)$ und teilerfremd zu e_A; also kann man mit Hilfe des erweiterten Euklidischen Algorithmus die Vielfachsummendarstellung

$$c \cdot h + d \cdot e_A = 1$$

berechnen. Da

$$c \cdot h \bmod \phi(n) = 0$$

gilt, hat B so eine Zahl d gefunden, die

$$d \cdot e_A \bmod \phi(n) = 1$$

erfüllt. Er kann also durch Potenzieren mit d alle Nachrichten von A entschlüsseln.

2.10.5.6 Verschlüsselung von Nachrichten, die in einer algebraischen Beziehung zueinander stehen

Weitere Angriffe sind unter Mitwirkung von Don Coppersmith entstanden [Cop97, CFPR96]. Als einfaches Beispiel für diese Angriffe wollen wir hier zeigen, wie einfach man einen Klartext m berechnen kann, wenn man nur die Chiffretexte von m und $m + 1$ kennt, und wenn zur Verschlüsselung der Exponent $e = 3$ benutzt wird. Seien also

$$c_1 = m^3 \bmod n$$

$$c_2 = (m + 1)^3 \bmod n$$

Dann gilt

$$\frac{c_2 + 2c_1 - 1}{c_2 - c_1 + 2} = \frac{(m + 1)^3 + 2m^3 - 1}{(m + 1)^3 - m^3 + 2} = \frac{3m^3 + 3m^2 + 3m}{3m^2 + 3m + 3} = m$$

Dieser Angriff könnte z. B. auf die Verschlüsselung von Sequenznummern mit RSA angewendet. In [CFPR96] wurde dieser Angriff wesentlich erweitert.

2.10.5.7 Chosen-Plaintext-Angriffe

Ist die Anzahl möglicher Klartexte relativ klein (z. B. die Anzahl der Geldbeträge zwischen 0 und 1000 €), so kann ein Angreifer den Klartext zu einem RSA-Chiffretext ermitteln, indem er alle möglichen Klartexte verschlüsselt und die erhaltenen Chiffretexte mit dem zu entschlüsselnden Chiffretext vergleicht. Dies ist möglich, da der Angreifer den öffentlichen RSA-Schlüssel kennt, und da die RSA-Verschlüsselung deterministisch ist, also zum gleichen Klartext immer der gleiche Chiffretext berechnet wird.

2.10.5.8 RSA-PKCS#1

Wiederholt wurde in dieser Aufzählung von Angriffen betont, dass sie durch die Einführung von Redundanz verhindert werden können. Das Fehlen von Zufall macht den RSA-Algorithmus anfällig gegen Chosen-Plaintext-Angriffe.

In der Praxis wird daher nie der RSA-Algorithmus in seiner in Lehrbüchern beschriebenen Form eingesetzt (Textbook RSA), sondern fast immer zusammen mit der PKCS#1-Codierung von Nachrichten.

Für die RSA-Verschlüsselung wird eine Nachricht m daher immer wie folgt PKCS#1-codiert, wobei die Anzahl der Byte der Anzahl der Byte im verwendeten RSA-Modulus entspricht:

$00|02|mindestens\ 8\ zuf\ddot{a}llige\ Byte\ ungleich\ 00\ |00|\ m$

Durch diese Codierung wird Redundanz (die beiden ersten Byte sind immer gleich) und Zufall (mindestens 8 Byte ab Byte 3 sind zufällig gewählt) in die RSA-Verschlüsselung eingeführt.

Für die RSA-Signatur darf kein Zufall verwendet werden, daher sieht die PKCS#1-Codierung für RSA-Signaturen etwas anders aus:

$$00|01|255|255| \ldots |255|255|00| \, h(m)$$

Hier wird der Bytewert 255 so oft wiederholt, bis die benötigte Anzahl von Byte erreicht ist. Die Sicherheit der Signaturvariante wurde in [36] formal bewiesen.

Literatur

[BBFK05] Bahr, F., Boehm, M., Franke, J., Kleinjung, T.: RSA-640 Factored. http://mathworld.wolfram.com/news/2005-11-08/rsa-640/

[BDG88] Balcázar, J.L., Díaz, J., Gabarró, J.: Structural complexity I. Springer Verlag (1988)

[Bie96] Bieser, W.: Sachstand der gesetzlichen Regelung zur digitalen Signatur. In: Horster, P. (Hrsg.) Digitale Signaturen. Vieweg Verlag, Wiesbaden (1996)

[Bih93] Biham, E.: On Modes of Operation. Proceedings of Fast Software Encryption 1, Cambridge Security Workshop LNCS, Bd. 809. Springer (1993)

[BR05] Belovin, S., Rescorla, E.: Deploying a new has algorithm. http://www.cs.columbia.edu/~smb/papers/new-hash.pdf

[CFPR96] Coppersmith, D., Franklin, M., Patarin, J., Reiter, M.: Low-Exponent RSA with related messages. EUROCRYPT '96, Springer LNCS 1070, 1–9

[Cop97] Coppersmith, D.: Small solutions to polynomial equations, and low exponent RSA vulnerabilities. J. Cryptology **10**(4), 233–260 (1997)

[CP02] Courtois, N., Pieprzyk, J.: Cryptanalysis of block ciphers with overdefined systems of equations. Asiacrypt LNCS, Bd. 2501. Springer, S. 267–287 (2002)

[CR88] Chor, B., Rivest, R.: A knapsack-Type public key cryptosystem based on arithmetic in finite fields. IEEE Trans. Inf. Theory **45**, 901–909 (1988)

[DH76] Diffie, W., Hellman, M.E.: New directions in cryptography. IEEE Trans. Inf. Theory **6**, 644–654 (1976)

[EFF99] Cracking DES. Electronic frontier foundation. http://www.eff.org/des-cracker/

[FR94]   Fumy, W., Ries, H.P.: Kryptographie, 2. Aufl. Oldenbourg Verlag, München (1994)

[GS91]   Goebel, J.W., Scheller, J.: Elektronische Unterschriftsverfahren in der Telekommunikation. Verlag Vieweg, Brauschweig und Wiesbaden (1991)

[Heise05] Hash-Algorithmus gesucht: Wer ist der sicherste im ganzen Land?http://www.heise.de/security/result.xhtml?url=/security/news/meldung/62480

[Kle10]   Kleinjung, T., Aoki, K., Franke, J., Lenstra, A.K., Thomé, E., Bos, J.W., Gaudry, P., Kruppa, A., Montgomery, P.L., Osvik, D.A., te Riele, H., Timofeev, A., Zimmermann, P.: Factorization of a 768-bit RSA modulus. IACR ePrint (2010). http://eprint.iacr.org/2010/006.pdf

[KR95]   Kaliski, B., Robshaw, M.: The secure use of RSA. CryptoBytes **1**(3) (1995)

[Mas90]   Massey, J.L.: Folien des Seminars „Cryptography: Fundamentals and Applications". Advanced Technology Seminars (1990)

[McE78]   McEliece, R.: A public-key cryptosystem based on algebraic coding theory. DSN Progress Report **42–44**, 114–116 (1978)

[MH78]   Merkle, R.C., Hellman, M.E.: Hiding information and signatures in trapdoor knapsacks. IEEE Trans. Inf. Theory **24**, 525–530 (1978)

[Mey76]   Meyberg, K.: Algebra Teil 2. Carl Hanser Verlag, München (1976)

[Moo92]   Moore, J.H.: Protocol Failures in Cryptosystems. In: Simmons, G.J. (Hrsg.) Contemporary Cryptology. IEEE Press (1992)

[MOV97]   Menezes, A.J., van Oorschot, P.C., Vanstone, S.A.: Handbook of applied cryptography. CRC Press, New York (1997)

[NIST00]   National Institute of Standards and Technology: Advanced Encryption Standard. http://www.nist.gov/aes

[PP10]   Paar, C., Pelzl, J.: Understanding cryptography. Springer Verlag (2010)

[Sha49]   Shannon, C.E.: Communication theory of secrecy systems. Bell. Sys. Tech. J. **30**, 657–715 (1949)

[SigG]   http://www.datenschutz-und-datensicherheit.de/dudserver/signatur.htm

[SigG97]   Gesetz zur digitalen Signatur (Signaturgesetz – SigG). Bundesgesetzblatt I S. 1870, 1872 (oder http://www.regtp.de/tech_reg_tele/start/in_06-02-01-00-00_m/index.html)

[SigG01]   Gesetz über Rahmenbedingungen für elektronische Signaturen und zur Änderung weiterer Vorschriften. http://www.dud.de/dud/documents/sigg010214.pdf

[SigV97]   Verordnung zur digitalen Signatur (Signaturverordnung – SigV) http://www.regtp.de/tech_reg_tele/start/in_06-02-01-00-00_m/index.html

[WY05]   Xiaoyun, W., Yu., Hongbo: How to Break MD5 and Other Hash Functions. Springer, Eurocrypt LNCS (2005)

[Ker83a]   Kerckhoffs, Auguste (January 1883). „La cryptographie militaire" [Military cryptography] (PDF). Journal des sciences militaires [Military Science Journal] (in French). **IX**: 5–83

[Ker83b]   Kerckhoffs, Auguste (February 1883). „La cryptographie militaire" [Military cryptography] (PDF). Journal des sciences militaires [Military Science Journal] (in French). IX: 161–191

[Sch20]   Jörg Schwenk: Sicherheit und Kryptographie im Internet. Springer Verlag, 5. Auflagen (2020)

[FIPS77]   Data encryption standard. FIPS PUB 46, Federal Information Processing Standards Publication (1977)

[FIPS01]   Specification for the Advanced Encryption Standard (AES). Federal Information Processing Standards Publication 197, http://csrc.nist.gov/publications/fips/fips197/fips-197.pdf (2001)

[JKM18]   Tibor Jager, Saqib A. Kakvi, Alexander May: On the Security of the PKCS#1 v1.5 Signature Scheme. CCS 2018: 1195–1208

[Bel15]   Bellare, M.: New proofs for NMAC and HMAC: Security without collision resistance. J. Cryptol. **28**(4), 844–878 (2015)

[Vau02]   Serge Vaudenay: Security flaws Induced by CBC padding – Applications to SSL, IPSEC, WTLS .... EUROCRYPT, 534–546 (2002)

[BN08]   Bellare, M., Namprempre, C.: Authenticated encryption: Relations among notions and analysis of the generic composition paradigm. J. Cryptol. **21**(4), 469–491 (2008)

[Mer19]   Robert Merget, Juraj Somorovsky, Nimrod Aviram, Craig Young, Janis Fliegenschmidt, Jörg Schwenk, Yuval Shavitt: Scalable Scanning and Automatic Classification of TLS Padding Oracle Vulnerabilities. USENIX Security Symposium,1029–1046 (2019)

[Res18]   Eric Rescorla: The Transport Layer Security (TLS) Protocol Version 1.3. RFC 8446: 1–160 (2018)

3

Grundlegende Protokolle

Einige der in Kap. 1 formulierten Ziele können mit den im vorigen Kapitel beschriebenen Basismechanismen nicht oder nur teilweise erreicht werden. Für diese Ziele werden komplexere Interaktionen zwischen den beteiligten Instanzen als das einfache Senden verschlüsselter oder signierter Nachrichten benötigt. In diesem Kapitel stellen wir einige grundlegende Protokolle vor, die sich als erstaunlich leistungsfähig erweisen werden.

Damit ein kryptographisches Protokoll sinnvoll eingesetzt werden kann, muss es mindestens die beiden folgenden Bedingungen erfüllen:

- **Durchführbarkeit:** Wenn sich die am Protokoll beteiligten Instanzen alle gemäß den Spezifikationen des Protokolls verhalten, muss das Protokoll auch immer (bzw. mit beliebig hoher Wahrscheinlichkeit) das gewünschte Ergebnis liefern. Im Englischen wird diese Eigenschaft eines Protokolls „completeness" genannt.
- **Korrektheit:** Versucht einer der Teilnehmer in einem Protokoll zu betrügen, so kann dieser Betrugsversuch mit beliebig hoher Wahrscheinlichkeit erkannt werden. Das bedeutet, dass die Wahrscheinlichkeit, dass ein Teilnehmer erfolgreich betrügen kann, vernachlässigbar klein ist.

Jedes kryptographische Protokoll muss auf diese beiden Eigenschaften hin überprüft werden. Wir werden dies im Rest dieses Buches nicht immer explizit tun, aber wir geben Hinweise, wie diese Eigenschaften nachgeprüft werden können.

© Der/die Autor(en), exklusiv lizenziert an Springer-Verlag GmbH, DE, ein Teil von Springer Nature 2022
A. Beutelspacher et al., *Moderne Verfahren der Kryptographie*,
https://doi.org/10.1007/978-3-662-65718-8_3

3.1   Passwortverfahren (Festcodes)

In Abschn. 1.2 haben wir uns klargemacht, dass eine Person ihre Identität nachweisen kann, indem sie beweist, ein bestimmtes Geheimnis zu kennen. Die einzelnen Verfahren zur Teilnehmerauthentifikation unterscheiden sich nur dadurch, *wie* dieser Beweis erfolgt. Die einfachsten Verfahren, die Kenntnis eines Geheimnisses nachzuweisen, sind die Passwortverfahren (Abb. 3.1).

Solche Verfahren werden in der Regel in Situationen eingesetzt, in denen sich Personen mit ihrer digitalen Identität (dem **Nutzernamen**) gegenüber einer zentralen Stelle authentifizieren müssen. Jeder Teilnehmer besitzt ein individuelles Geheimnis (sein Passwort oder seine Persönliche Identifizierungs-Nummer, kurz PIN), und diese Geheimnisse sind der zentralen Stelle bekannt.

Die Authentifikation erfolgt dadurch, dass der einzelne Teilnehmer der Zentrale zusammen mit seiner Identität auch sein Geheimnis übermittelt. Diese überprüft, ob das empfangene Geheimnis dasjenige ist, das zu der empfangenen Identität gehört.

Passwortverfahren sind *durchführbar,* da jeder Teilnehmer sein Passwort kennt (wenn er es nicht gerade vergessen hat). Sie sind *korrekt,* solange nur der Teilnehmer und die Zentrale das Geheimnis kennen. Ein Betrüger muss nämlich in der Regel das Passwort raten, und die Wahrscheinlichkeit, dass er richtig rät, ist bei einem gut gewählten Passwort sehr klein.

Passwortverfahren haben grundlegende Schwächen, die man durch zusätzliche organisatorische oder technische Maßnahmen teilweise beheben kann. Einige dieser Schwächen und mögliche Gegenmaßnahmen sind:

- Da es nur sehr wenige „sinnvolle" Passwörter in der Menge aller möglichen Zeichenfolgen gibt, und weil diese wegen ihrer guten Merkbarkeit

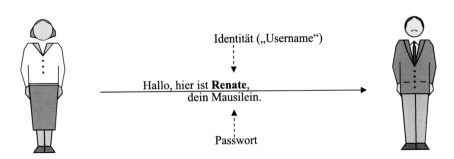

Abb. 3.1 Ein einfaches Passwortverfahren

sehr beliebt sind, können solche Passwörter geraten oder durch Ausprobieren aller möglichen Einträge eines „Wörterbuchs" gefunden werden. Als Passwörter sollten daher möglichst unsinnige Zeichenkombinationen gewählt werden, z. B. Kombinationen aus Buchstaben und Zahlen (auch bei verschlüsselter Abspeicherung).

- In der zentralen Stelle müssen alle Passwörter gespeichert werden. Jeder, der sich Zugang zu dieser Datei verschafft, kennt die Geheimnisse aller Teilnehmer. Dieses Problem kann dadurch gelöst werden, dass die Passwörter mit einer Einwegfunktion f verschlüsseln und nur die Ergebnisse gespeichert werden. Genauer gesagt wird anstelle eines Passworts PW nur der Wert f(PW) gespeichert. Wenn die Zentrale ein vorgebliches Passwort PW* (unverschlüsselt) erhält, so berechnet sie f(PW*) und vergleicht dies mit dem gespeicherten Wert f(PW). Dies ist allerdings kein Schutz gegen schlecht gewählte Passwörter (siehe [Schn96], Abschn. 3.2).

- Die Übertragung der Passwörter erfolgt offen; ein einmal abgehörtes Passwort kann während der Lebensdauer dieses Passworts missbräuchlich verwendet werden. Im Rahmen von Passwortverfahren kann man dieser Gefahr nur dadurch begegnen, dass man die Gültigkeitsdauer der Passwörter kurz hält, im Extremfall so kurz, dass jedes Passwort nur einmal benutzt werden kann. Dies wird zum Beispiel beim *Homebanking* praktiziert, wo sogenannte *Transaktionsnummern (TAN)* nur einmal verwendet werden. Dies kann aber bereits als ein Wechselcodeverfahren angesehen werden.

Wir werden weiter unten Verfahren vorstellen, die eine oder beide dieser Gefahren völlig ausschalten.

3.2 Wechselcodeverfahren

Eine grundlegende Schwäche von Passwortverfahren besteht darin, dass nicht nur das Geheimnis statisch ist, sondern dass auch die zur Authentifikation eines Benutzers gesendeten Nachrichten immer gleich sind. Alle weiteren hier vorgestellten Verfahren zur Benutzerauthentifikation haben daher das Ziel, bei festem Geheimnis die übermittelten Nachrichten variabel und möglichst unvorhersagbar zu gestalten.

Einfache Verfahren, die dies leisten, sind die Wechselcodeverfahren: Für jeden Authentifikationsvorgang berechnet der Teilnehmer nach einem genau festgelegten Verfahren aus seinem (konstanten) individuellen Geheimnis und einem anderen veränderlichen Wert einen Authentifikationscode, den er zusammen mit seiner Identität an die Zentrale übermittelt. Diese kennt ebenfalls sein individuelles Geheimnis und den veränderlichen Wert, kann also die Berechnung des Teilnehmers wiederholen und die beiden Ergebnisse vergleichen. Nur wenn diese übereinstimmen, erkennt die Zentrale die Identität des Teilnehmers an.

Wechselcodeverfahren sind wie die Passwortverfahren **unidirektionale** Verfahren, das heißt, dass die für die Authentifikation relevanten Informationen nur in einer Richtung übermittelt werden. Dies unterscheidet sie zum Beispiel von den Challenge-and-Response-Verfahren, die im nächsten Abschnitt vorgestellt werden.

Das Beispiel der Transaktionsnummern wurde schon im vorigen Abschnitt erwähnt. Hier wird das Problem, die gesendeten Nachrichten bei festem Geheimnis zu variieren, dadurch gelöst, dass das Geheimnis sehr lang gewählt wird: Anstelle eines Passworts gibt es eine ganze Liste von TANs.

Ein anderes Beispiel kann man auf folgende Weise mithilfe einer – mit einem geheimen Schlüssel k parametrisierten – Einwegfunktion $f(k,)$ erhalten: Eine Partei A will sich gegenüber B authentisieren. Beide Parteien haben einen gemeinsamen geheimen Schlüssel k und einigen sich auf eine natürliche Zahl, den *Anfangszählerstand* z (Abb. 3.2). Beim ersten Authentisierungsvorgang sendet A den Wert $c_1 = f(k, z + 1)$, beim zweiten $c_2 = f(k, z + 2)$, usw.

Dieses Verfahren ist *durchführbar*, da beide Parteien den gleichen Schlüssel und den gleichen Zählerstand kennen und somit die im Protokoll auftretenden Werte bilden bzw. verifizieren können; es ist *korrekt*, denn die Wahrscheinlichkeit, einen Wert c_i ohne Kenntnis des Schlüssels k zu berechnen, ist verschwindend klein.

Diese Wechselcodes bieten im Vergleich zu Passwortverfahren bereits ein wesentlich höheres Sicherheitsniveau. Eine mögliche Angriffssituation entsteht dann, wenn ein Angreifer die Partei A dazu bringen kann, ihm die nächste Identifikationsnachricht

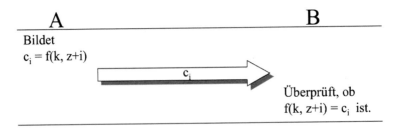

Abb. 3.2   i-te Authentifikation bei einem Wechselcodeverfahren mit Anfangszählerstand z

$$c_{i+1} = f(k, z + i + 1)$$

zu schicken (etwa indem er sich als B ausgibt). Mithilfe dieser Nachricht könnte der Angreifer dann B gegenüber die Rolle von A spielen. Man kann die Auswirkungen eines solchen Angriffs zum Beispiel dadurch beschränken, dass man anstelle des Zählers z das aktuelle Datum und die aktuelle Uhrzeit verwendet und festlegt, dass jede solche Authentifikationsnachricht nur kurze Zeit gültig ist.

Als Einwegfunktion kann eine beliebige MAC-Funktion verwendet werden, z. B. ein HMAC [Mih15].

Es ist klar, dass man anstelle einer symmetrischen MAC-Funktion auch ein Signaturverfahren (vgl. Abschn. 2.7) verwenden kann. Dies hat den Vorteil, dass (ein eventuell nicht vertrauenswürdiger) B das Geheimnis von A nicht zu kennen braucht.

Überraschenderweise kann man aber auch ohne (rechentechnisch aufwendige) digitale Signaturen ein Wechselcodeverfahren realisieren, bei dem B das Geheimnis von A nicht kennen muss. Die Teilnehmer A und B verwenden dazu wieder eine Einwegfunktion f, sie benötigen aber keinen gemeinsamen geheimen Schlüssel.

Stattdessen wählt A einen Startwert z_0 und schätzt ab, wie oft sie das Wechselcodeverfahren wohl benutzen wird. Sie kommt beispielsweise zu dem Schluss, dass $n = 10.000$ ausreichen wird und berechnet nacheinander die Werte

$$z_{i+1} := f(z_i)$$

für $i = 0, 1, \ldots, 9999$. Dann übermittelt sie den Wert

$$z_n = z_{10.000}$$

an B und teilt diesem mit, dass sie diejenige ist, die die Werte

$$z_0, \ldots, z_{9.999}$$

kennt. Wollen die beiden dann anschließend elektronisch kommunizieren, so sendet A zu ihrer Authentifikation den Wert $z_{9.999}$ an B. Falls

$$f(z_{9.999}) = z_{10.000}$$

gilt, weiß B, dass am anderen Ende der Leitung A sitzt. Für die nächste Identifikation sendet A dann $z_{9.998}$ an B, der sich den letzten Wert $z_{9.999}$ gemerkt hat und deshalb die gleiche Überprüfung durchführen kann. So geht es weiter mit $z_{9.997}, z_{9.996}$ usw.

Das Verfahren ist *korrekt,* weil niemand die Einwegfunktion umkehren kann. Das kann A zwar auch nicht, aber A kennt den geheimen Startwert z_0 und kann deshalb f immer in der richtigen Richtung anwenden; also ist das Protokoll auch *durchführbar.*

3.3 Challenge-and-Response

Der im vorigen Abschnitt beschriebene Angriff auf Wechselcodeverfahren beruht darauf, dass man Authentifikationsnachrichten „vorproduzieren" kann. Bei Challenge-and-Response-Verfahren ist dieser Angriff nicht möglich, da die Nachrichten, die B erwartet, von A jeweils „frisch" produziert sein müssen.

Die Idee besteht darin, dass B eine unvorhersagbare Frage stellt, auf die A mithilfe seines geheimen Wissens die richtige Antwort berechnen und an B senden muss (Abb. 3.3). Da Nachrichten sowohl von A nach B als auch umgekehrt fließen, spricht man hier von einem **bidirektionalen** Verfahren.

Ein Beispiel aus dem (hoffentlich nicht täglichen) Leben ist folgendes: Bei Entführungsfällen will sich die Polizei oft überzeugen, ob die oder der Entführte noch lebt. Dazu kann sie z. B. eine Frage stellen, die nur die oder der Entführte beantworten kann.

In technischen Anwendungen geht man wie folgt vor: Beide Seiten kennen eine Einwegfunktion f_k, die von einem Schlüssel k abhängt (Abb. 3.4), z. B. einen Message Authentication Code (MAC). Die unvorhersehbare Frage, die B stellt, ist eine Zufallszahl RAND (die „challenge"); A wendet f_k auf RAND an, erhält die Antwort RES und sendet diese an B. Dieser überprüft, ob die empfangene Antwort RES mit dem von ihm berechneten Wert $f_k(RAND)$ übereinstimmt.

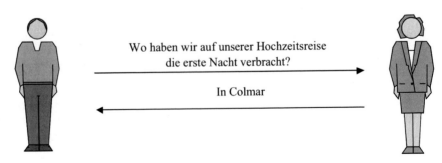

Wo haben wir auf unserer Hochzeitsreise die erste Nacht verbracht?

In Colmar

Abb. 3.3 Ein einfaches Challenge-and-Response-Verfahren

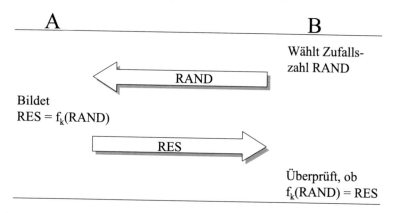

Abb. 3.4 Challenge-and-Response mit schlüsselabhängiger Einwegfunktion

Anstelle eines symmetrischen MAC-Algorithmus kann auch ein Signaturverfahren eingesetzt werden. Dies hat den gleichen Vorteil wie in Abschn. 3.2 bereits beschrieben, nämlich dass B das Geheimnis von A nicht kennen muss.

Challenge-and-Response-Verfahren gibt es auch in einer anderen Variante, bei der die Inhalte von Frage und Antwort vertauscht sind: Die Challenge besteht aus der verschlüsselten Zufallszahl $f_k(RAND)$, und als Response wird die Zufallszahl RAND erwartet. Diese Variante kann nur dann verwendet werden, wenn ein „starker" Zufallszahlengenerator zur Verfügung steht, der unvorhersagbare Ergebnisse produziert. Sonst müsste ein Angreifer nicht mühsam $f_k(RAND)$ entschlüsseln, sondern könnte versuchen, RAND direkt zu raten. In der Regel sollte daher die erste Variante benutzt werden.

3.4 Diffie-Hellman-Schlüsselvereinbarung

Das bekannte Protokoll von Whitfield Diffie und Martin Hellman zur Vereinbarung eines geheimen Schlüssels über einen unsicheren Kanal war die erste Konstruktion im Bereich der Public-Key-Kryptographie. Es wurde 1976 in der bahnbrechenden Arbeit zur Public-Key-Kryptographie veröffentlicht [DH76].

Die Mechanismen und Algorithmen der klassischen Kryptographie greifen erst dann, wenn die Teilnehmer bereits einen geheimen Schlüssel ausgetauscht haben. Im Rahmen der klassischen Kryptographie führt kein Weg daran vorbei, dass Geheimnisse kryptographisch ungesichert ausgetauscht werden müssen. Die Sicherheit der Übertragung muss hier durch nicht-kryptographische Methoden erreicht werden. Man sagt dazu, dass man zum Austausch der Geheimnisse einen **geheimen Kanal** braucht; dieser kann physikalisch (technisch abhörsichere Übertragung) oder organisatorisch (Überbringung durch einen vertrauenswürdigen Boten) realisiert sein.

Das Revolutionäre des von Diffie und Hellman beschriebenen Protokolls liegt darin, dass man keine sicheren Kanäle mehr braucht: Man kann geheime Schlüssel über nicht-geheime, öffentliche Kanäle vereinbaren.

Wir veranschaulichen uns das Problem wie folgt: Für einen Börsenmakler ist es entscheidend, über die jeweils aktuellen Angebote der Konkurrenten Bescheid zu wissen und andererseits seine Pläne vor den Kollegen geheim zu halten. Mitunter ergibt sich spontan während der Börse eine Situation, in der zwei Makler zusammenarbeiten müssen, um ihre Chancen zu wahren. Dazu müssen sie ihre Informationen vertraulich austauschen. Das geht während des Börsengeschäfts nur mit Verschlüsselung. Da sie spontan zusammenarbeiten, haben sie allerdings vorher noch keinen gemeinsamen geheimen Schlüssel vereinbart.

Was tun? Es ist klar, dass sie sich den Schlüssel nicht zurufen können. Sie bräuchten eine Methode

- bei der sie eine offene Unterhaltung führen können,
- an deren Ende beide das gleiche Geheimnis kennen,
- und das ihre aufmerksam lauschenden Kollegen nicht erraten können.

Dem Protokoll von Diffie und Hellman, das dieses Problem löst, liegt die diskrete Exponentialfunktion

$$a \mapsto \alpha := g^a \bmod p$$

zugrunde. Für große Primzahlen p ist diese Funktion eine Einwegfunktion. Die Assoziativität der Multiplikation modulo p garantiert zudem, dass die Multiplikation der Exponenten kommutativ ist, was für die Durchführbarkeit des Protokolls wichtig ist. (Vergleichen Sie hierzu die Abschn. 8.4 und 2.3.)

Genauer lautet das Protokoll für die Diffie-Hellman-Schlüsselvereinbarung (Abb. 3.5) wie folgt: Beide Teilnehmer brauchen eine Primzahl p und eine natürliche Zahl g. Diese Zahlen müssen nicht geheim sein – in der Regel sind beide Zahlen öffentlich bekannte Parameter.

Zunächst wählen sich die beiden Teilnehmer je eine geheime Zahl a bzw. b. Daraus bilden sie durch Potenzieren der Basis g die Werte

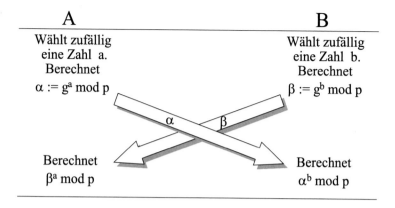

Abb. 3.5 Diffie-Hellman-Schlüsselvereinbarung

$$\alpha := g^a \bmod p$$

und

$$\beta := g^b \bmod p$$

Dann werden die Zahlen α und β ausgetauscht. Schließlich potenziert jeder Teilnehmer den erhaltenen Wert mit seiner geheimen Zahl und erhält

$$k = \beta^a \bmod p$$

$$k = \alpha^b \bmod p$$

bzw.

Was haben A und B damit gewonnen?

1. Das Protokoll ist *durchführbar*, denn A und B haben einen gemeinsamen Wert erhalten:

$$\beta^a \equiv \left(g^b\right)^a \equiv g^{ba} \equiv g^{ab} \equiv \left(g^a\right)^b \equiv \alpha^b (\bmod p)$$

2. Der Diffie-Hellman Schlüsselaustausch ist *korrekt*, wenn für die Berechnungen modulo p die **Computational-Diffie-Hellman**-Annahme (**CDH**) gilt, da dann der gemeinsame Wert k geheim ist.

Ein Angreifer kann durch Abhören der Kommunikation lediglich die Werte α und β mitschneiden. Zusätzlich kennt der Angreifer die öffentlichen

Systemparameter (g, p). Die **CDH-Annahme** besagt nun, dass allein aus diesen vier Werten (g, p, α, β) der geheime Wert k nicht berechnet werden kann. Die Diffie-Hellman-Schlüsselvereinbarung ist in vielen mathematischen Strukturen *durchführbar,* aber nicht nur in denjenigen Strukturen *korrekt,* in denen die CDH-Annahme gilt. Zu diesen Strukturen zählen die modulare Multiplikation modulo großer Primzahlen p, und einzelne *elliptische Kurven* (Abschn. 8.1).

Die CDH-Annahme hängt eng mit der Schwierigkeit der Berechnung des diskreten Logarithmus modulo p zusammen, also mit der Frage, ob die diskrete Exponentialfunktion eine Einwegfunktion ist. Es wird vermutet, dass diese Probleme äquivalent sind [Mau94], ein Beweis steht noch aus. Ein möglicher Angriff auf die Diffie-Hellman-Schlüsselvereinbarung besteht nämlich darin, den Wert k auf dieselbe Weise wie A, das heißt als $k = \beta^a \bmod p$ zu berechnen. Dazu müsste der Angreifer aber die Zahl a kennen, er müsste also den diskreten Logarithmus von α zur Basis g berechnen können.

Bei diesem Protokoll handelt es sich um eine *Schlüsselvereinbarung* und nicht um einen *Schlüsselaustausch,* da beide Parteien an der Erzeugung des geheimen Werts k beteiligt sind.

3.5 Das ElGamal-Verschlüsselungsverfahren

Indem man das Diffie-Hellman Schlüsselvereinbarungsprotokoll leicht variiert, kann man einen asymmetrischen Verschlüsselungsalgorithmus erhalten. Diese Beobachtung geht auf Taher ElGamal zurück [ElG85].

Wie beim Diffie-Hellman Verfahren braucht man eine Primzahl p und eine natürliche Zahl g, die öffentlich sind.

Jeder Teilnehmer T wählt sich eine natürliche Zahl t als seinen privaten Schlüssel, berechnet

$$\tau := g^t \bmod p$$

und veröffentlicht τ als seinen öffentlichen Schlüssel. Man kann vom öffentlichen Schlüssel τ nicht auf den privaten Schlüssel t schließen, da dies äquivalent zur Berechnung des diskreten Logarithmus ist.

Um Teilnehmer T eine verschlüsselte Nachricht zukommen zu lassen, geht der Sender wie folgt vor: Er wählt eine natürliche Zahl a und berechnet

$$\alpha := g^a \bmod p$$

und

$$k := \tau^a \bmod p$$

Dann verschlüsselt er die Nachricht m unter dem Schlüssel k mithilfe eines beiden bekannten symmetrischen Algorithmus:

$$c := f(k, m)$$

Abschließend sendet er das Paar

$$(\alpha, c)$$

an T.

Der Empfänger potenziert α mit seinem privaten Schlüssel t und erhält dadurch k:

$$\alpha^t \equiv g^{at} \equiv g^{ta} \equiv \tau^a \equiv k \,(\bmod\, p)$$

Damit kann er c entschlüsseln.

Dieses Protokoll ist eine Variante des Diffie-Hellman-Protokolls in dem Sinne, dass das „Senden der Teilschlüssel" zeitlich entkoppelt ist: Während im Diffie-Hellman-Protokoll die Werte α und β praktisch gleichzeitig übermittelt wurden, wird beim ElGamal-Verschlüsselungsverfahren (Abb. 3.6) der öffentliche Schlüssel τ (der dem β des Diffie-Hellman-Verfahrens entspricht) einmal erzeugt und nie verändert, während α wie bei der Diffie-Hellman-Schlüsselvereinbarung jedes Mal neu generiert werden muss.

3.6 Das ElGamal-Signaturverfahren

Im ElGamal-Signaturverfahren [ElG85] wird eine Nachricht nicht, wie beim RSA-Verfahren, durch Vertauschen der Reihenfolge von Ver- und Entschlüsselung unterschrieben, sondern durch eine komplexere Operation. Dies hat zur Folge, dass man aus der Signatur der Nachricht nicht auf diese zurück schließen kann. Zur Erzeugung und Verifikation einer digitalen Unterschrift wird das gleiche Schlüsselpaar

$$\left(z, \tau = g^t \bmod p\right)$$

verwendet wie beim ElGamal-Verschlüsselungsverfahren.

Zur *Erzeugung* einer Unterschrift für eine Nachricht m geht ein Teilnehmer T dabei wie folgt vor: Zunächst wählt er eine zu $p - 1$ teilerfremde Zufallszahl r und bildet

$$k := g^r \bmod p$$

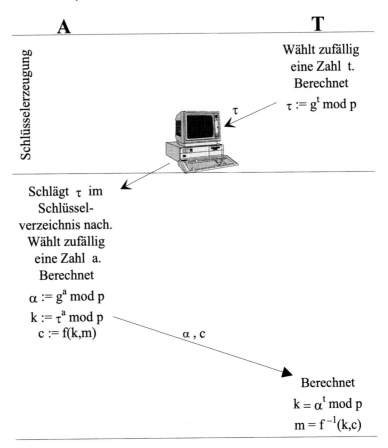

Abb. 3.6 Das ElGamal-Verschlüsselungsverfahren

Danach berechnet er eine Lösung s der Kongruenz

$$t \cdot k + r \cdot s \equiv m \ (\mathrm{mod}\, p - 1)$$

Die kann zum Beispiel dadurch geschehen, dass T mithilfe des erweiterten euklidischen Algorithmus das multiplikative Inverse r^{-1} zu r modulo $p - 1$ berechnet und dann

$$s = \left((m - t \cdot k) \cdot r^{-1}\right) \mathrm{mod}\, p - 1$$

bildet. Die digitale Unterschrift der Nachricht m besteht aus dem Paar

$$(k, s)$$

Der Empfänger der signierten Nachricht $(m, (k, s))$ kann die Unterschrift mithilfe des öffentlichen Schlüssels τ *prüfen,* indem er die beiden Werte

$$g^m \bmod p$$

und

$$\tau^k \cdot k^s \bmod p$$

bildet und vergleicht, ob diese Zahlen identisch sind.

Das ElGamal-Signaturverfahren ist *durchführbar,* denn nach dem Satz von Fermat gilt wegen $t \cdot k + r \cdot s \equiv m (\bmod p - 1)$ für jedes valide signierte Dokument $(m, (k, s))$ die Gleichung

$$g^m \equiv g^{t \cdot k + r \cdot s} \equiv \tau^k \cdot k^s (\bmod p)$$

Die *Korrektheit* des Verfahrens wurde in [DJ96] für eine Variante gezeigt, in der nicht die Nachricht selbst, sondern nur der Hashwert der Nachricht in die oben beschriebenen Berechnungen mit eingehen.

Es gibt eine große Anzahl von Varianten des ElGamal-Signaturverfahrens [HMP95]. Im Gegensatz zum RSA-Verfahren kann man in der Grundform des ElGamal-Verfahrens aus der Signatur die Nachricht nicht zurückgewinnen; Varianten, die diese „message recovery"-Eigenschaft besitzen, werden in [NR96] beschrieben.

Eine besonders effiziente Variante des ElGamal-Verfahrens, die auf eine Idee von C. Schnorr zurückgeht [Schn90], wurde in den USA unter dem Namen „Digital Signature Standard" als Norm für die Erzeugung digitaler Unterschriften festgeschrieben ([FIPS91], vgl. auch [KH92]).

3.7 Shamirs No-Key-Protokoll

Können zwei Teilnehmer, von denen keiner einen Schlüssel des anderen kennt, sich gegenseitig eine Nachricht vertraulich zukommen lassen, ohne vorher einen gemeinsamen Schlüssel auszutauschen oder zu vereinbaren? Die überraschende Idee zur Lösung dieses Problems geht auf eine unveröffentlichte Arbeit von Adi Shamir zurück.

Die Idee dieses Protokolls basiert auf folgendem Gedankenspiel:

- Eine Person A will an B eine geheime Nachricht s schicken. Dazu steckt sie s in eine Kiste und verschließt diese mit einem Vorhängeschloss, zu dem nur sie einen Schlüssel besitzt.
- Dann schickt sie die Kiste an B. Dieser kann die Kiste zwar nicht öffnen, aber er kann sie noch ein zweites Mal verschließen, indem er sein eigenes Vorhängeschloss anbringt, zu dem nur er einen Schlüssel hat.
- Anschließend erhält A die Kiste zurück. Sie entfernt ihr Schloss und sendet die Kiste wieder an B. Dieser kann nach Entfernen des letzten Schlosses die Kiste öffnen und die Nachricht lesen (Abb. 3.7).

Zur mathematischen Realisierung dieser Idee kann man die diskrete Exponentialfunktion verwenden. Beide Teilnehmer einigen sich auf eine große Primzahl p. A erzeugt ein Paar von Zahlen (a, a') mit

$$a \cdot a' \equiv 1 \,(\mathrm{mod}\, p - 1)$$

(vgl. Abschn. 8.2); entsprechend erzeugt B ein Paar (b, b') mit

$$b \cdot b' \equiv 1 \,(\mathrm{mod}\, p - 1)$$

Die Zahl a entspricht dem Schloss, die Zahl a' dem Schlüssel in dem Sinn, dass potenzieren mit a dem Schließen des Schlosses und potenzieren mit a' dem Entfernen des Schlosses entspricht. Denn für alle $s \in Z_p$ gilt

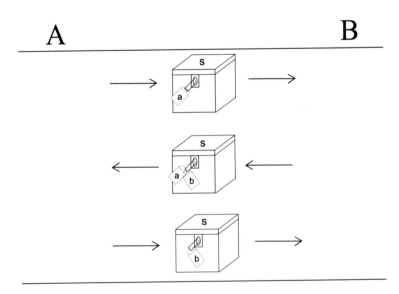

Abb. 3.7 Shamirs No-Key-Protokoll

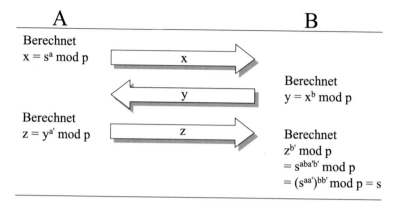

Abb. 3.8 Das No-Key-Protokoll mit der diskreten Exponentialfunktion

$$s^{a \cdot a'} \equiv s \pmod{p}$$

$$s^{b \cdot b'} \equiv s \pmod{p}$$

und

Das Protokoll läuft wie in Abb. 3.8 beschrieben ab.

Das No-Key-Verfahren ist *durchführbar,* weil wegen der Assoziativität der Multiplikation modulo p die Reihenfolge der Exponenten vertauscht werden darf.

Wir wissen nicht genau, unter welchen Bedingungen das Protokoll *korrekt* ist – wir kennen nur eine notwendige Bedingung für seine Korrektheit.

Wenn nämlich ein Angreifer das Problem des diskreten Logarithmus zu jeder beliebigen Basis lösen könnte, so könnte er auch das No-Key-Protokoll brechen, indem er den diskreten Logarithmus $dl_y(x)$ (vgl. Abschn. 8.4) von $x = s^a$ zur Basis $y = s^{ab}$ berechnet. (Wir verwenden die vereinfachte Notation $dl(x, y) := dl_y(x)$.)

$$dl(x,y) = dl\left(s^a, s^{ab}\right) = dl\left(\left(s^{ab}\right)^{b'}, s^{ab}\right) = b'$$

Er erhält dann das Geheimnis s, indem er

$$z^{b'} = s^{bb'} = s$$

berechnet. Daraus ergibt sich, dass das No-Key-Protokoll höchstens so sicher ist wie das Problem des diskreten Logarithmus.

3.8   Knobeln übers Telefon

Alice und Bob sind frisch geschieden. Bob ist bereits aus der gemeinsamen Wohnung aus- und in eine andere Stadt gezogen. Sie haben ihre gemeinsame Habe bereits so weit aufgeteilt, dass sie dachten, alles Weitere telefonisch regeln zu können – wäre da nicht dieses Auto, ein wunderschöner alter Käfer, Baujahr 1959.

Da jeder der beiden ihn haben will, schlägt Alice am Telefon vor: „Lass uns doch um das Auto knobeln!" Sie machen sich noch einmal die Regeln klar: Jeder legt sich auf einen der Begriffe „Papier", „Stein" oder „Schere" fest, und beide stellen die gewählten Begriffe gleichzeitig durch ein Handzeichen dar. Es gewinnt

- Papier gegen Stein,
- Stein gegen Schere und
- Schere gegen Papier.

Natürlich können sie über das Telefon keine Handzeichen übermitteln, aber sie können auch nicht gleichzeitig ihre Begriffe nennen, denn sonst würden sie sich nicht verstehen. Also sagt Alice: „Du fängst an."

Bob durchschaut dies sofort: „Wenn Du meinen Begriff kennst, kannst Du Dir noch den Begriff wählen, der mich schlägt. Fang doch *du* an!" Aber auch Alice weigert sich, darauf einzugehen.

Das Problem ist offensichtlich: Derjenige, der als letzter antworten darf, kann seine Meinung noch ändern. Sie bräuchten eine Methode, bei der derjenige, der zuletzt antwortet, seine vorher getroffene Entscheidung nicht mehr ändern kann: Er muss sich vorher festlegen.

Wenn sich die beiden am selben Ort befinden würden, gäbe es kein Problem. Dadurch, dass beide *gleichzeitig* ihr Handzeichen geben, kann keiner seine Entscheidung rückgängig machen.

Bob hat eine andere Idee: „Wir werfen eine Münze (Abb. 3.9). Du sagst, ob Du Kopf oder Zahl willst. Wenn die entsprechende Seite oben liegt, bekommst Du das Auto, sonst ich."

Aber wieder stehen sie vor einem ähnlichen Problem: Wenn Alice zuerst ihre Wahl bekannt gibt, kann Bob entsprechend betrügen; wenn Bob zuerst die Münze wirft und Alice das Ergebnis mitteilt, kann sie gegebenenfalls ihre

Abb. 3.9 Münzwurf übers Telefon

Entscheidung revidieren. Auch hier muss derjenige, der zuletzt antwortet, seine Entscheidung oder sein Ergebnis vorher festlegen, und zwar so, dass der andere dieses nicht erraten kann.

Zur Lösung dieses Problems braucht man Commitment-, genauer gesagt Bit-Commitment-Techniken. Beim Münzwurf muss sich Alice auf ein Bit festlegen; dafür haben wir in Abschn. 2.6 bereits mathematische Verfahren angegeben. Beim Knobeln muss sich einer der beiden auf ein Element der 3-elementigen Menge {Papier, Stein, Schere} festlegen. Mathematisch kann man dieses Problem mithilfe der Isomorphie von Graphen lösen (vgl. Abschn. 8.5):

Alice und Bob legen gemeinsam drei nichtisomorphe Graphen G_{Papier}, G_{Stein} und G_{Schere} fest (vgl. Abb. 3.10; die dort angegebenen Graphen sind allerdings zu klein). Alice wählt einen dieser Graphen aus, wendet eine zufällige Permutation auf ihn an und schickt das Ergebnis an Bob. Bob kann nicht erkennen, welchen der Graphen Alice gewählt hat, da das Problem zu erkennen, ob zwei Graphen isomorph oder nicht isomorph sind, für große Graphen praktisch unlösbar ist.

Daraufhin trifft Bob seine Wahl und teilt diese Alice mit. Jetzt kann Alice ihre Wahl offen legen, indem sie ihren Graphen nennt und Bob die

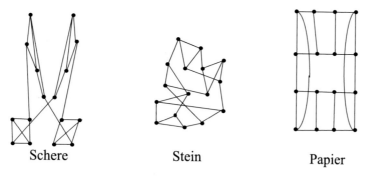

Schere   Stein   Papier

Abb. 3.10 Knobeln übers Telefon mit Hilfe von Graphen

verwendete Permutation mitteilt. Alice kann ihre Wahl nicht ändern, da der übermittelte Graph nur zu einem der drei Graphen isomorph ist.

3.9   Blinde Signaturen

Normalerweise will der Unterzeichner eines Dokuments wissen, was er unterschreibt. Das ist auch bei einer elektronischen Signatur der Fall. Es gibt allerdings auch Anwendungen, in denen dies nicht erwünscht ist, bei denen es sogar gefordert wird, dass der Unterschreibende nicht wissen *darf,* was er unterschreibt. Bei diesen Anwendungen handelt es sich um elektronische Münzen und elektronische Wahlen (siehe Abschn. 6.3 und 6.4).

Ein Verfahren zur Erzeugung **blinder Signaturen** ist ein Protokoll, in dem eine Person A einem Unterzeichner B ein Dokument so vorlegen kann dass

- B die Nachricht nicht sieht und
- A die gültige Unterschrift von B unter das Dokument erhält.

Wir beschreiben hier den Mechanismus einer blinden Signatur zunächst an einem alltäglichen Beispiel (Abb. 3.11) und dann mit einem krypto-graphischen Protokoll (Abb. 3.12).

Maria hat eine schlechte Klassenarbeit geschrieben und muss diese von ihrem Vater unterschreiben lassen. Sie versichert, dass es sich um einen Aus-rutscher handelt, möchte aber nicht, dass ihr Vater alle Fehler sieht und sie darüber belehrt. Da Maria ansonsten gute Leistungen mit nach Hause bringt, lässt sich ihr Vater auf das folgende Spiel ein:

- Maria packt die Arbeit zusammen mit einem Kohlepapier in einen Umschlag und zeigt ihrem Vater die Stelle, an der er (auf dem Umschlag) unterschreiben soll.
- Der Vater unterschreibt, die Unterschrift drückt sich durch und die Arbeit ist signiert.

Um sicherzugehen, dass er keinen Scheck unterschreibt, kann er durch einen kleinen Zusatz den Zweck der Unterschrift klarstellen, z. B. indem er den Satz „Zeugnis gesehen" hinzufügt.

Mithilfe des RSA-Verfahrens kann man diese Idee kryptographisch realisieren. Das hier vorgestellte Verfahren geht auf Chaum [Cha85] zurück.

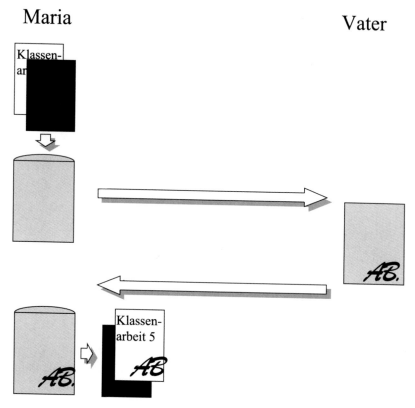

Abb. 3.11   Blinde Signatur einer Klassenarbeit

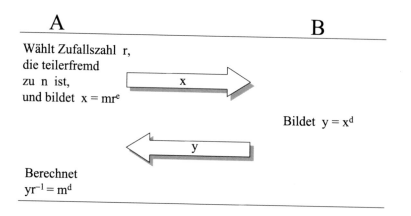

Abb.3.12   Protokoll zur blinden Signatur eines Dokuments m mit dem RSA-Schema

Teilnehmer A möchte, dass Teilnehmer B ein Dokument m blind signiert, also ohne seinen Inhalt zu kennen bzw. berechnen zu können. B besitzt ein RSA-Schlüsselpaar $((e, n), d)$.

A wählt zunächst eine Zufallszahl r, die teilerfremd zu n ist. Dann schickt sie den Wert

$$x = m \cdot r^e \bmod n$$

an B. (Die Multiplikation mit r^e entspricht dem Einpacken der Klassenarbeit in einen Umschlag.)

B unterschreibt den erhaltenen Wert, indem er

$$y = x^d \bmod n$$

berechnet und an A zurücksendet. A multipliziert den erhaltenen Wert y mit dem Inversen r^{-1} von r. Dadurch erhält A wegen

$$y \cdot r^{-1} \equiv x^d \cdot r^{-1} \equiv \left(m \cdot r^e\right)^d \cdot r^{-1} \equiv m^d \cdot r^{ed} \cdot r^{-1}$$
$$\equiv m^d \cdot r \cdot r^{-1} \equiv m^d \, (\bmod \, n)$$

die unterschriebene Originalnachricht m.

Die so erzeugte Signatur ist blind, da B nicht weiß, welches Dokument er in Wirklichkeit unterschreibt, denn dadurch, dass m mit der Zufallszahl r^e maskiert wurde, kann er von $m \cdot r^e$ nicht auf m schließen.

Literatur

[Cha85]   Chaum, D.: Security without identification: Transaction systems to make big brother obsolete. Comm. ACM **28**, 1030–1044 (1985)

[DH76]   Diffie, W., Hellman, M.E.: New directions in cryptography. IEEE Trans. Inf. Theory **6**, 644–654 (1976)

[ElG85]   ElGamal, T.: A public key cryptosystem and a signature scheme based on diskrete logarithms. IEEE Trans. on Information Theory **IT-31**, 469–472 (1985)

[FIPS91]   FIPS PUB 186, Digital Signature Standard. Federal Information Processing Standard, National Institute of Standards and Technology, US Department of Commerce, Washington D. C. (1994)

[HMP95]   Horster, P., Michels, V., Petersen, H.: Das Meta-ElGamal Signaturverfahren und seine Anwendungen. Proc. VIS'95. Vieweg Verlag, Wiesbaden, S. 207–228 (1995)

[KH92]   Knobloch, H.-J., Horster, P.: Eine Krypto-Toolbox für Smartcard-Chips mit speziellen Calculation Units. Proc. 2. GMD-SmartCard Workshop. Darmstadt (1992)

[Mau94]   Maurer, U.: Towards the equivalence of breaking the Diffie-Hellman protocol and computing diskrete logarithms. CRYPTO '94, Springer LNCS 839, 271–281

[NR96]   Nyberg, K., Rueppel, R.: Message recovery for signature schemes based on the discrete logarithm problem. Des. Codes Crypt. 7, 61–81 (1996)

[Schn90]   Schnorr, C.P.: Efficient identification and signature schemes for smart cards. CRYPTO '89 LNCS, Bd. 435. Springer, S. 239–251 (1990)

[Schn96]   Schneier, B.: Angewandte Kryptographie. Addison-Wesley, Bonn (1996)

[Mih15]   Bellare, M.: New proofs for NMAC and HMAC: Security without collision resistance. J. Cryptol. 28(4), 844–878 (2015)

[DJ96]   Pointcheval, D., Stern, J.,: Security proofs for signature schemes. EUROCRYPT, S. 387–398 (1996)

4

Zero-Knowledge-Verfahren

Kryptographische Protokolle leben von Interaktivität. Dagegen sind mathematische Beweise statisch. Durch die Einführung von Interaktivität in mathematischen Beweisen haben sich die beiden Gebiete gegenseitig befruchtet: Man kann einerseits mit *interaktiven Beweisen* mehr mathematische Behauptungen als mit traditionellen Beweisen zeigen, und man kann andererseits beinahe perfekte kryptographische Protokolle, die so genannten *Zero-Knowledge-Verfahren* entwerfen.

4.1 Interaktive Beweise

Der Begriff „Beweis" taucht hauptsächlich in der Rechtsprechung und in der Mathematik auf. Es liegt in der Natur der Sache, dass Beweise vor Gericht nur bis zu einem gewissen Grad exakt sind, da sie die äußerst komplexe reale Welt zum Inhalt haben. Demgegenüber ist ein mathematischer Beweis im Prinzip eine logisch lückenlose Argumentationskette, die relativ einfache, abstrakte Objekte miteinander verknüpft. Man kann sich den Unterschied der beiden Beweismethoden auch dadurch verdeutlichen, dass es den Begriff „Justizirrtum" gibt, den analogen Begriff „Mathematikirrtum" aber nicht.

Wir machen uns zunächst noch einmal klar, was ein mathematischer Beweis leistet: In einem Beweis wird eine neue Aussage logisch aus den Axiomen (unbeweisbare Grundaussagen) abgeleitet. Das heißt: Um eine neue Aussage zu beweisen, darf man nur die Axiome und die schon bewiesenen Aussagen („Sätze") benutzen. Einen Beweis kann man für jeden

© Der/die Autor(en), exklusiv lizenziert an Springer-Verlag GmbH, DE, ein Teil von Springer Nature 2022

A. Beutelspacher et al., *Moderne Verfahren der Kryptographie*,
https://doi.org/10.1007/978-3-662-65718-8_4

nachvollziehbar machen, indem man die Schlussfolgerungen in der richtigen Reihenfolge aufschreibt.

Wir betrachten als Beispiel einen mathematischen Satz, die aus der Schule bekannte „p,q-Formel".

---

p,q-Formel

Die Gleichung $x^2 + p \cdot x + q = 0$ hat die Lösungen

$$x_{1/2} = -\frac{p}{2} \pm \sqrt{\left(\frac{p}{2}\right)^2 - q}$$

Zum Beweis dieses Satzes muss man einfach x_1 oder x_2 in die linke Seite der Gleichung einsetzen:

$$x_1^2 + px_1 + q = \left(-\frac{p}{2} + \sqrt{\left(\frac{p}{2}\right)^2 - q}\right)^2 + p\left(-\frac{p}{2} + \sqrt{\left(\frac{p}{2}\right)^2 - q}\right) + q$$

$$= \left(\left(\frac{p}{2}\right)^2 - p\sqrt{\left(\frac{p}{2}\right)^2 - q} + \left(\frac{p}{2}\right)^2 - q\right) + \left(-\frac{p^2}{2} + p\sqrt{\left(\frac{p}{2}\right)^2 - q}\right) + q$$

$$= \left(\left(\frac{p}{2}\right)^2 + \left(\frac{p}{2}\right)^2 - \frac{p^2}{2}\right) + \left(-p\sqrt{\left(\frac{p}{2}\right)^2 - q} + p\sqrt{\left(\frac{p}{2}\right)^2 - q}\right) + (-q + q) = 0$$

Da sich tatsächlich der Wert 0 ergibt, ist der Satz damit bewiesen. Die schon bewiesenen Aussagen, die in diesem Beweis benutzt werden, sind die Rechenregeln für Addition, Subtraktion, Multiplikation und Division.

Diese Art eines mathematischen Beweises ist aber nicht die einzig mögliche, wie ein Beispiel aus der Geschichte der Mathematik zeigt.

Seit der Antike bestand ein großes Interesse daran, Gleichungen dritten Grades, also Gleichungen der Form

$$x^3 + ax^2 + bx + c = 0$$

zu lösen. Allerdings waren diese Bemühungen in Antike und Mittelalter nicht von Erfolg gekrönt. Daher war es ein epochemachendes Ereignis, als Nicolò Tartaglia (ca. 1500–1557) um das Jahr 1535 in Oberitalien eine Lösungsformel für diese Gleichung analog zur oben beschriebenen p,q-Formel fand. Die Art und Weise, wie er seine Lösung bekannt machte, ist das erste uns bekannte Beispiel für einen *interaktiven Beweis*. Die historischen Tatsachen können etwa in [WA75] nachgelesen werden.

Tartaglia konnte aufgrund seiner Armut und einfachen Herkunft keine akademischen Grade erlangen. Vielleicht war es die Angst vor der etablierten akademischen Konkurrenz, die ihn dazu veranlasste, seine Lösungsformel geheim zu halten.

Tartaglia geriet in einen Wettstreit mit dem italienischen Rechenmeister Antonio Maria Fior, der Anfang des 16. Jahrhunderts lebte und dessen Lehrmeister Scipione del Ferro (ca. 1465–1526) bereits früher Lösungen von Gleichungen dritten Grades gefunden, aber nicht weitergegeben hatte. Um die Behauptung von Tartaglia, er könne Gleichungen dritten Grades lösen, zu überprüfen, legte Fior ihm 30 Aufgaben vor. Tartaglia löste alle und konnte so seine Behauptung beweisen, ohne sein Geheimnis zu verraten.

Tartaglias Lösung für Gleichungen dritten Grades

Man kann die Gleichung

$$y^3 + ay^2 + by + c = 0$$

durch die Substitution $y = x - \frac{a}{3}$ auf die Form

$$x^3 + px + q = 0$$

bringen. Tartaglia fand eine Lösung für die Formel

$$x^3 + px = q$$

mit positiven Koeffizienten p und q. Sie lautet in moderner mathematischer Schreibweise:

$$x = \sqrt[3]{\sqrt{\left(\frac{p}{3}\right)^3 + \left(\frac{q}{2}\right)^2} + \frac{q}{2}} + \sqrt[3]{\sqrt{\left(\frac{p}{3}\right)^3 + \left(\frac{q}{2}\right)^2} - \frac{q}{2}}$$

Dieses Verfahren konnte er in jeder Disputation anwenden: Zu jeder ihm gegebenen Gleichung der Form $x^3 + px = q$ konnte er die Lösungen mit Hilfe seiner Formeln finden. Jedermann konnte leicht verifizieren, dass die von Tartaglia angegebenen Zahlen wirklich Lösungen der vorgelegten

Gleichung sind. Aber niemand, auch seine Konkurrenten nicht, konnten aufgrund der Lösung die Formel erraten.

Schließlich teilte Tartaglia sein Geheimnis Geronimo Cardano (1501– 1576) mit, nachdem dieser einen Eid geschworen hatte, sie nicht zu veröffentlichen. Doch Cardano brach seinen Eid und publizierte die Formeln in seiner 1545 erschienenen „Ars Magna" – allerdings unter Nennung des Entdeckers Tartaglia. Trotzdem sind diese Ergebnisse heute als „Cardanosche Formeln" bekannt.

Das Verfahren von Tartaglia (Abb. 4.1) erfüllt unsere Forderungen an ein gutes kryptographisches Protokoll: Es ist *durchführbar*, da Tartaglia zu jeder ihm vorgelegten Gleichung eine Lösung berechnen kann, und da jeder Herausforderer seine Antworten verifizieren kann. Es ist auch *korrekt* (*„sound"*), denn jemand, der die Lösungsformeln nicht kennt, kann eine Lösung höchstens raten. Die Wahrscheinlichkeit, eine richtige Lösung zu raten, hängt stark von der jeweiligen Gleichung ab, ist aber für fast alle Gleichungen verschwindend klein.

Interessanterweise besitzt das Verfahren noch eine dritte Eigenschaft: Tartaglia konnte eine Behauptung beweisen, ohne sein Geheimnis preiszugeben. In den *Zero-Knowledge-Beweisen*, deren Entdeckung 1985 eine Sensation war [GMR85], ist dieses Prinzip in vollkommener Weise realisiert. Mit diesen auch außerordentlich praxisrelevanten Verfahren beschäftigen wir uns in Abschn. 4.2.

Zuvor behandeln wir noch einen anderen wichtigen Aspekt der interaktiven Beweismethode: Man kann sich in gewisser Weise von der Richtigkeit einer Aussage überzeugen lassen, bei der ein traditioneller Beweis astronomisch lang ist.

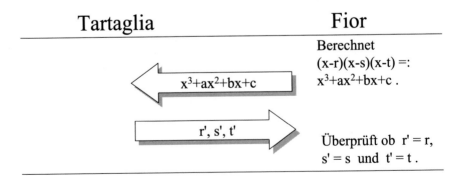

Abb. 4.1 Das interaktive Beweisverfahren von Tartaglia

Als Beispiel betrachten wir das folgende Beispiel von Goldreich, Micali und Wigderson [GMW86]. Unter anderem für diese Arbeit erhielt Avi Wigderson auf dem „International Congress of Mathematicians 1994" in Zürich den Nevanlinna Preis.

Gegeben sind zwei Graphen G_0 und G_1, von denen behauptet wird, dass sie *nicht* isomorph sind.

Der im Folgenden geschilderte interaktive Beweis dieser Behauptung benötigt eine nur theoretisch gegebene Voraussetzung: Es muss eine Instanz geben, mit der wir kommunizieren können, die „auf einen Blick" erkennen kann, ob zwei große Graphen isomorph sind oder nicht. Ein einprägsames Bild für diese Situation wurde von dem ungarischen Mathematiker L. Babai gefunden ([Bab85, BM88]); besonders der zweite Artikel enthält eine sehr einfühlsame Beschreibung des hier nur kurz angedeuteten Problems der Beweisbarkeit von mathematischen Behauptungen und wird deshalb besonders empfohlen (vgl. auch [BS96]). Die allwissende Instanz wird bei ihm durch den legendären Zauberer Merlin dargestellt, dem der mit normalen Geisteskräften ausgestattete König Arthur Fragen stellen kann (Abb. 4.2).

Wir können unsere Situation also wie folgt beschreiben: Merlin behauptet, dass die gegebenen Graphen G_0 und G_1, die vielleicht jeweils 1000 Ecken haben, nichtisomorph sind. Auch Merlin kann keinen traditionellen Beweis dafür aufschreiben, da dies bedeuten würde, alle

$$1000! \approx 4 \cdot 10^{2567}$$

Permutationen auf G_0 anzuwenden und zu zeigen, dass der entstehende Graph verschieden von G_1 ist. Dies ist aber allein deshalb schon nicht möglich, weil diese Zahl die Anzahl der Atome im Weltall um einen gigantischen Faktor übersteigt.

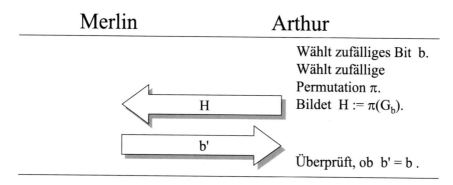

Abb. 4.2 Ein interaktiver Beweis der Nichtisomorphie zweier Graphen

Dennoch ist es möglich, dass sich Arthur mit beliebig hoher Wahrscheinlichkeit davon überzeugt, dass die beiden Graphen nicht isomorph sind. Dabei geht er wie folgt vor:

Arthur wählt, ohne dass Merlin dies sieht, einen der beiden Graphen G_0 oder G_1 und unterwirft ihn einer zufällig gewählten Permutation. Das Ergebnis ist ein Graph H. Dieser wird Merlin gezeigt, und dieser muss dann sagen, welchen der beiden Graphen G_0 oder G_1 Arthur zur Konstruktion von H gewählt hat.

Wenn die Behauptung Merlins, dass G_0 und G_1 nichtisomorph sind, stimmt, ist H zu genau einem dieser Graphen isomorph. Merlin erkennt aufgrund seiner übernatürlichen Fähigkeiten „auf einen Blick", zu welchem der beiden Graphen H isomorph ist. Er teilt dies Arthur mit, und dieser kann die Antwort mit seiner eigenen Wahl vergleichen *(Durchführbarkeit)*.

Wenn die Behauptung Merlins falsch ist, dann sind G_0 und G_1 isomorph. In diesem Fall ist H zu beiden Graphen isomorph, und für Merlin sehen alle drei Graphen gleich aus: er kann nur raten, welchen Graphen Arthur gewählt hat. Ist Arthur bei seiner Wahl rein zufällig vorgegangen, so kann Merlin nur mit Wahrscheinlichkeit ½ raten, welchen Graphen Arthur gewählt hat.

Wenn Arthur und Merlin dieses Spiel t mal spielen, ist die Wahrscheinlichkeit, dass Merlin stets richtig antwortet, obwohl die beiden Graphen isomorph sind, nur $(½)^t$. Dies bedeutet, dass sich Arthur, indem er die Anzahl t der Runden vergrößert, mit beliebig großer Wahrscheinlichkeit von der Richtigkeit der Aussage überzeugen kann.

Bei diesem Nachweis der *Korrektheit* eines kryptographischen Protokolls konnten wir die Betrugswahrscheinlichkeit genau angeben; auch dies ist ein Vorteil der hier vorgestellten interaktiven Beweissysteme.

Ein wichtiges Ergebnis von Shamir bestimmt genau die Klasse der Probleme, die sich auf diese Art und Weise interaktiv beweisen lassen [Sha90]. In diese Klasse fallen zum Beispiel alle mathematisch beweisbaren Sätze und außerdem die Probleme, für bestimmte Spiele (etwa für GO) eine Gewinnstrategie zu finden. In der mathematischen Kurzsprache formuliert heißt dieser Satz „**IP** = **PSPACE**". Dabei ist **IP** die Klasse der interaktiv beweisbaren Sätze und **PSPACE** die Klasse der Sätze, die mit polynomialem Aufwand an Speicherplatz, aber möglicherweise exponentiellem Aufwand an Rechenzeit, beweisbar sind.

Noch ein Wort zur Terminologie: In den beiden oben genannten Beispielen beweisen Tartaglia bzw. Merlin bestimmte Aussagen; sie werden daher auch als „Beweisführer" oder engl. „**Prover**" bezeichnet. Die Herausforderer Fior bzw. König Arthur verifizieren die gegebenen Antworten; deshalb werden

Instanzen, die diese Aufgabe wahrnehmen, auch „Verifizierer" („**Verifier**")
genannt.

4.2 Zero-Knowledge-Verfahren

Im vorigen Abschnitt haben wir gesehen, wie Tartaglia andere von der
Existenz seines Geheimnisses überzeugen konnte, ohne dieses zu verraten.

Solche Systeme sind ideal geeignet als Authentifikationssysteme, ins-
besondere also zum Nachweis der Identität von Personen (vgl. Abschn. 1.2).
Eine Person A kann sich gegenüber B durch den Nachweis eines bestimmten
Geheimnisses identifizieren; idealerweise sollte das so erfolgen, dass

- B das Geheimnis von A nicht vorher kennen muss, und
- auch während des Prozesses nichts darüber erfährt.

In diesem Fall hätte B nämlich keine Chance, sich Dritten gegenüber als A
auszugeben.

Zero-Knowledge-Verfahren erfüllen diese Forderung optimal: B kann
sich von A's Identität mit beliebig hoher Sicherheit überzeugen, ohne dass
er dabei *irgendwelche* Informationen erhält; insbesondere erfährt er nichts
über das Geheimnis. Dies nennt man die **Zero-Knowledge-Eigenschaft.**
Zero-Knowledge-Protokolle sind theoretisch sehr interessant, da in ihnen
nichttriviale mathematische und komplexitätstheoretische Methoden zur
Anwendung kommen. Die für diese Protokolle erstmals formulierten
Konzepte der *Ununterscheidbarkeit* und der *Simulierbarkeit* haben Eingang
in viele weitere Bereiche der Kryptographie gefunden.

Wir werden zunächst den Begriff „Zero-Knowledge" an einem anschaulichen Beispiel erläutern. Danach werden wir zwei mathematische Protokolle
vorstellen, die auf der Graphentheorie einerseits und elementarer Zahlentheorie andererseits beruhen.

4.2.1 Die magische Tür

Wir stellen ein Verfahren mit Zero-Knowledge-Eigenschaft vor (vgl.
[QG90]), in dem Alice gegenüber Bob die Kenntnis eines Geheimnisses
nachweisen kann.

Das Geheimnis von Alice ist ein Zahlencode, mit dem sie eine „magische
Tür" öffnen kann. Es ist klar, dass Alice ihren Zahlencode unbeobachtet

eingeben können muss; die Tür wird deshalb für das Verfahren in ein Gebäude mit einem komplexen Grundriss integriert, wie er in Abb. 4.3 wiedergegeben ist.

Das Verfahren läuft wie folgt ab:

- Alice betritt den Vorraum und schließt die Eingangstür hinter sich. Danach wendet sie sich zufällig nach rechts oder links, geht in den entsprechenden Gang und schließt die Tür hinter sich.
- Nun erst darf Bob den Vorraum betreten. Er sieht rechts und links zwei geschlossene Türen und hat kein Indiz dafür, auf welcher Seite sich Alice befindet. Bob darf sich eine Seite wünschen; er entscheidet sich zufällig und ruft „rechts" oder „links". Danach erwartet er, dass Alice durch die entsprechende Tür herauskommt.
- Wenn Alice sich zufällig auf derjenigen Seite befindet, die Bob sich gewünscht hat, hat sie keinerlei Mühe, Bobs Wunsch zu erfüllen. Andernfalls muss sie ihr Geheimnis benutzen, um mit ihm die magische Tür zu öffnen, um den Vorraum von der richtigen Seite her zu betreten.

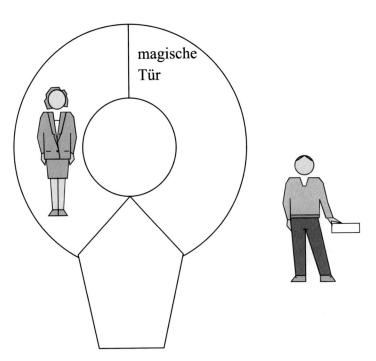

Abb. 4.3 Grundriss des Gebäudes mit magischer Tür

Dieses Verfahren wird t mal wiederholt; nur wenn Alice jedes Mal zur richtigen Tür herauskommt, ist Bob zufrieden und ist überzeugt, dass Alice das Geheimnis kennt.

Das Verfahren ist *durchführbar,* weil Alice den geheimen Zahlencode kennt und somit immer auf der gewünschten Seite herauskommen kann.

Wie kann Bob sicher sein, dass Alice das Geheimnis wirklich kennt? Nehmen wir an, statt Alice behauptet eine andere Frau, Eve, das Geheimnis von Alice zu kennen, obwohl dies nicht stimmt. Da Bob seine Wahl zufällig trifft, befindet sich Eve nur mit Wahrscheinlichkeit ½ auf der von Bob gewünschten Seite. In diesem Fall kann Eve auf der richtigen Seite auftauchen, sonst aber nicht. Die Wahrscheinlichkeit, dass Eve in allen t Runden Glück hat, ist

$$\left(\frac{1}{2}\right)^t$$

Man beachte, dass Bob durch Wahl von t diese Wahrscheinlichkeit so klein machen kann, wie er möchte. (Ist etwa $t = 20$, so ist die Erfolgswahrscheinlichkeit von Eve kleiner als 1 zu 1.000.000.) Das Protokoll ist also *korrekt.*

Zum Nachweis der *Zero-Knowledge-Eigenschaft* müssen wir etwas weiter ausholen. Die gedankliche Hauptschwierigkeit liegt darin, den Begriff „Zero-Knowledge" zu präzisieren, der bedeutet, dass „kein Wissen übertragen" wird. Wir müssen eine Definition für den Begriff „Zero-Knowledge" finden, der es uns gestattet, *zu beweisen,* dass keine Information übertragen wird. Darin besteht der große Vorteil von Zero-Knowledge-Protokollen: Während man von vielen kryptographischen Protokollen *glaubt,* dass durch sie keine geheime Information verraten wird (und dieser Glaube sich in einigen Fällen schon als falsch herausgestellt hat), kann man dies für Zero-Knowledge-Protokolle *beweisen.*

Durch diese Präzisierung wird auch klar werden, dass die folgende „offensichtliche Verbesserung" des Verfahrens nicht die Zero-Knowledge-Eigenschaft hat:

- Alice und Bob gehen gemeinsam in den Vorraum, Alice geht immer durch die linke Tür und Bob erwartet sie immer von rechts.

Doch nun zur Präzisierung des Begriffs „Zero-Knowledge": Bob kann alle Informationen, die er im Verlauf des Protokolls erhält, dadurch aufzeichnen, dass er den ganzen Vorgang aus seiner Sicht mit einer Videokamera filmt. Das Video zeigt somit Alice, die im Gebäude verschwindet und die Tür hinter sich schließt; dann sieht man den Vorraum, hört Bob „links" oder „rechts" rufen und sieht Alice aus der richtigen Tür kommen. Und das t-mal!

Die **Zero-Knowledge-Eigenschaft** ist dann erfüllt, wenn es einem „**Simulator**" M gelingt, *ohne Kenntnis des geheimen Zahlencodes* ein vom Originalvideo nicht unterscheidbares Video herzustellen. In einer Definition zusammengefasst könnte dies etwa wie folgt lauten (Eine formale Definition dieser Eigenschaft findet man in [GMR89]):

Eine Interaktion zwischen der Geheimnisträgerin A und dem Verifizierer B besitzt genau dann die **Zero-Knowledge-Eigenschaft,** wenn es einem Simulator M mit Hilfe von B ohne Kenntnis des Geheimnisses möglich ist, seine Sicht der Interaktion so zu rekonstruieren, dass sie von einem Außenstehenden nicht von der Sicht des Verifizierers auf die Originalinteraktion unterschieden werden kann.

Der Begriff „Zero-Knowledge" bedeutet: Es wird kein Wissen übertragen. Tragen die durch die obige Definition beschriebenen Verfahren ihre Bezeichnung zu Recht?

Alles was ein Angreifer (sei es Bob oder eine andere Person) bei einem Zero-Knowledge-Verfahren lernen kann, ist auf Bobs Videoband festgehalten. Dieses Videoband kann man aber auch produzieren, ohne irgendeine geheime Information zu benutzen. *Wenn man aber keine Information hineinstecken muss, dann kann man (so die Schlussfolgerung) auch keine Information herausholen.* Die obige Definition ist also sinnvoll.

Wir stellen im Folgenden kurz dar, wie ein Simulator M ein Video nachstellen kann, das vom Original nicht zu unterscheiden ist. Er benötigt dazu lediglich die Hilfe von Bob und (falls M diese Rolle nicht selbst übernehmen kann) einer Frau A', die den geheimen Zahlencode nicht kennen muss.

Der Anfang ist leicht: M versucht die Frage „rechts" oder „links" von Bob zu raten und teilt seine Vermutung Frau A' mit. Diese geht in das Gebäude, zieht die Tür hinter sich zu und geht auf der Seite durch die Tür, von der M vermutet, dass Bob danach fragen wird, und schließt sie. Dann geht Bob in den Vorraum und ruft „rechts" oder „links".

Wenn A' zufällig auf der von Bob gewählten Seite ist, kommt sie freudestrahlend heraus, und M kann die Szene abhaken. Aber: Was passiert, wenn sich A' auf der falschen Seite befindet? Dann bleibt ihr nicht weiter übrig, als enttäuscht auf der falschen Seite herauszukommen. Zu ihrer Überraschung sagt M jedoch: „Macht nichts, wir löschen die Szene einfach und probieren es noch einmal."

Dies wiederholen die beiden, bis sie t gute Szenen auf dem Video haben; sie werden dazu etwa $2t$ Versuche benötigen.

Nun können wir auch begründen, warum die oben beschriebene „offensichtliche Verbesserung" nicht die Zero-Knowledge-Eigenschaft hat: Wenn eine Person zur linken Tür hineingeht, kann sie nur dann durch die rechte Tür herauskommen, wenn sie das Geheimnis kennt. Also könnte M mit einer A', die das Geheimnis nicht kennt, das Verfahren nicht simulieren.

Bob ist der einzige Teilnehmer des Originalprotokolls, der auch bei der Simulation mitwirken muss. Das ist deshalb notwendig, weil Bob seine Fragen nicht unbedingt zufällig stellen muss, sondern eine eigene Strategie dafür wählen kann. Wenn er sich von Alice' Ehrlichkeit überzeugen will, ist eine zufällige Wahl seiner Fragen am besten, möchte er aber Alice' Geheimnis berechnen, so kann eine andere Strategie erfolgversprechender sein. Eine Simulation des Originalprotokolls muss aber für jede Strategie von Bob möglich sein.

Nach diesem anschaulichen Beispiel soll das Zero-Knowledge-Konzept anhand von zwei mathematischen Realisierungen vertieft werden.

4.2.2 Isomorphie von Graphen

Das folgende Protokoll (Abb. 4.4), das 1996 vorgeschlagen wurde, basiert darauf, dass es bis 2016 [Bab16] praktisch unmöglich war, einen Isomorphismus zweier großer (isomorpher!) Graphen zu effizient zu berechnen (siehe Abschn. 8.5). In ihm identifiziert sich A dadurch, dass sie beweist, einen Isomorphismus σ zwischen zwei großen Graphen G_0 und G_1 zu kennen; das Paar (G_0, G_1) dient A als Identitätsmerkmal während σ ihr persönliches Geheimnis ist.

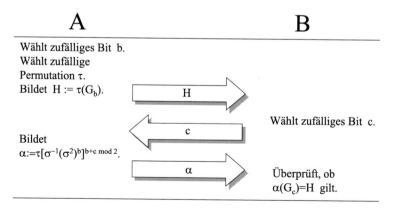

Abb. 4.4 Zero-Knowledge-Protokoll zum Nachweis der Isomorphie zweier Graphen

A kann ihr Identitätsmerkmal leicht wie folgt berechnen: Sie wählt den Graphen G_0 und eine zufällige Permutation σ; der Graph G_1 entsteht aus G_0 durch Anwenden von σ. A veröffentlicht das Paar (G_0, G_1) in einem authentischen öffentlichen Register unter ihrem Namen und hält den Isomorphismus σ geheim; dieser spielt die Rolle des geheimen Zahlencodes aus dem vorigen Beispiel.

Das folgende Protokoll stammt aus [GMW86] und zeigt, wie B sich davon überzeugen kann, dass A einen Isomorphismus kennt, ohne dass A dazu auch nur ein Bit ihrer geheimen Information preisgeben muss:

1. A wählt einen der beiden Graphen G_0 oder G_1 aus (etwa indem sie den Index $b \in \{0,1\}$ zufällig auswählt) und wendet eine zufällige Permutation τ auf den gewählten Graphen G_b an. Das Ergebnis ist ein Graph H, der zu beiden Ausgangsgraphen isomorph ist. Dieser Graph H wird an B geschickt.
2. Nun darf B sich etwas wünschen und formuliert seinen Wunsch in Form eines Bits c: Er wünscht sich, entweder den Isomorphismus zwischen H und G_0 ($c = 0$) oder den Isomorphismus zwischen H und G_1 zu sehen ($c = 1$).
3. A erfüllt ihm diesem Wunsch: Sie schickt ihm entweder τ oder $\tau\sigma^{-1}$ bzw. $\tau\sigma$, je nachdem, ob zu Beginn G_0 oder G_1 gewählt wurde.
4. B überprüft, ob die gesendete Abbildung tatsächlich ein Isomorphismus ist.

Diese vier Schritte werden t mal wiederholt.

Da A die Abbildungen σ und τ kennt, kann sie sowohl $\tau\sigma$ als auch $\tau\sigma^{-1}$ bilden und so in jedem Fall B's Wunsch erfüllen *(Durchführbarkeit)*.

Stellen wir uns vor, $\tilde{A}$ möchte in die Rolle von A schlüpfen. Dazu muss sie B überzeugen, dass sie das Geheimnis kennt, das zum öffentlich bekannten Identitätsmerkmal (G_0, G_1) von A gehört.

Wir behaupten, dass eine Person $\tilde{A}$, die das Geheimnis σ nicht kennt, in jeder nur denkbaren Situation nur einen von B's Wünschen erfüllen kann.

Denn könnte $\tilde{A}$ sowohl τ als auch $\tau\sigma$ (oder τ und $\tau\sigma^{-1}$) angeben, so könnte $\tilde{A}$ auch A's Geheimnis σ berechnen: $\tilde{A}$ kann beliebige ihr bekannte Permutationen invertieren und somit auch

$$\tau^{-1}(\tau\sigma) = \sigma$$

bzw.

$$\left(\tau\sigma^{-1}\right)^{-1}\tau = \left(\sigma\tau^{-1}\right)\tau = \sigma$$

berechnen.

Wenn B's Fragen unvorhersehbar sind können wir daher annehmen, dass $\tilde{A}$ höchstens mit Wahrscheinlichkeit ½ betrügen kann. Andererseits ist $\tilde{A}$ immer in der Lage, mit Wahrscheinlichkeit ½ zu betrügen, indem sie B's Frage im Voraus rät und dementsprechend ihre Wahl zwischen G_0 und G_1 so trifft, dass B mit der Antwort τ zufrieden ist.

Also ist die Betrugswahrscheinlichkeit pro Runde genau ½, und somit in t Runden genau $(1/2)^t$. Dies zeigt, dass das vorgestellte Protokoll auch *korrekt* ist.

Zero-Knowledge-Eigenschaft: Wir müssen zeigen, dass ein Simulator M mit Hilfe von B die Sicht von B auf den Dialog simulieren kann. (Die Mitarbeit von A′ bei der Simulation wird hier und im Folgenden nicht benötigt; sie war nur im „magische Tür"-Beispiel nötig, um das Bild einer Frau auf Video zu bannen.) Dies geschieht wie folgt:

- M wählt zufällig einen der Graphen G_0 oder G_1 (sagen wir G_b), und produziert mit einer zufällig gewählten Permutation τ eine isomorphe Kopie H des gewählten Graphen; dieser Graph H wird an B geschickt.
- B entscheidet, ob er die Isomorphie zwischen H und G_0 oder die zwischen H und G_1 sehen will.
- In der Hälfte der Fälle haben B und M den gleichen Graphen G_b gewählt, und τ ist der gewünschte Isomorphismus. Die andere Hälfte der Fälle wird von M ignoriert; dies entspricht den Stellen auf dem Videoband, die wieder gelöscht werden mussten.

Sowohl im Originaldialog als auch im nachgestellten Dialog taucht die gleiche Anzahl von (zufälligen) Tripeln (H, b, α) auf, für welche die Gleichung

$$\alpha(H) = G_b$$

gilt. Die beiden Dialoge sind also für einen Außenstehenden nicht zu unterscheiden.

Um zu verstehen, warum der Simulator die Sicht von B auf das Protokoll simulieren muss, genügt folgendes kleine Beispielprotokoll: B wählt zufällig eine Zahl r und quadriert diese modulo $n = pq$. Diese Quadratzahl x sendet er an A, die durch Rücksendung einer Quadratwurzel t von x beweisen kann, dass sie die Faktorisierung von n kennt. Bei diesem Protokoll kann man zwar die Protokollnachrichten (x, t) simulieren, nicht aber die Sicht (r, x, t) von B auf das Protokoll. Es hat daher nicht die Zero-Knowledge-Eigenschaft, und das mit gutem Grund: Mit Wahrscheinlichkeit 1/2 erfährt B hier die Faktorisierung von n.

4.2.3 Der Fiat-Shamir-Algorithmus

Das bekannteste und in der Praxis wichtigste Zero-Knowledge-Verfahren ist der Fiat-Shamir-Algorithmus [FS87]. Die Korrektheit dieses Algorithmus beruht darauf, dass es praktisch unmöglich ist, Quadratwurzeln in $\mathbb{Z}_n^*$ zu berechnen (siehe Abschn. 8.3). Der Fiat-Shamir-Algorithmus besteht – wie die meisten kryptographischen Algorithmen – aus zwei Phasen, der Schlüsselerzeugungsphase und der Anwendungsphase.

In der *Schlüsselerzeugungsphase* erzeugt A zunächst zwei große Primzahlen p und q und bildet ihr Produkt $n = pq$. Die Zahl n ist öffentlich, während p und q nur A bekannt sein dürfen. Dann wählt A eine Zahl s und bildet

$$v = s^2$$

Die Zahl s ist das individuelle Geheimnis des Teilnehmers A (s steht für „secret"), während man mithilfe des Identitätsmerkmals v verifizieren kann, ob eine Person das Geheimnis kennt oder nicht. Das bedeutet insbesondere, dass s geheim bleiben muss, während v publiziert wird.

Nun beschreiben wir die *Anwendungsphase,* in der A einen Verifizierer B davon überzeugen muss, dass sie das Geheimnis s kennt. Dazu führen A und B folgendes Protokoll durch (siehe Abb. 4.5):

1. A wählt zufällig ein Element r aus $\mathbb{Z}_n^*$ und sendet den Wert $x := r^2 \bmod n$ an B.
2. B wählt zufällig ein Bit b und sendet dieses an A.

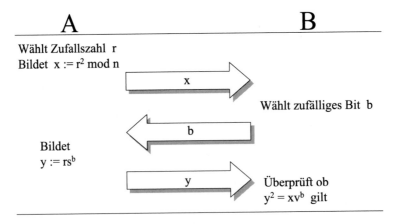

Abb. 4.5 Das Fiat-Shamir Zero-Knowledge-Verfahren. *Das Identitätsmerkmal v von A ist öffentlich bekannt, eine Quadratwurzel s von v modulo n ist das Geheimnis von A*

3. A sendet einen Wert $y = rs^b \bmod n$ zurück, der wie folgt berechnet wird:

   – Ist $b = 0$, so sendet A den Wert $y = r$ an B;
   – Ist $b = 1$, so sendet A den Wert $y = rs \bmod n$ an B.

4. B verifiziert diese Antworten, indem er die Gültigkeit von $y^2 \bmod n = xv^b \bmod n$ überprüft:

   – Im Fall $b = 0$ überprüft er, ob $y^2 \bmod n = x$ ist;
   – im Fall $b = 1$ testet er die Richtigkeit der Gleichung $y^2 \bmod n = xv \bmod n$.

Auch dieses Protokoll erfüllt die Voraussetzungen für Zero-Knowledge-Verfahren:

Durchführbarkeit Wenn A das Geheimnis s kennt, so wird sie B davon überzeugen können, da in $\mathbb{Z}_n^*$ gilt:

$$y^2 \equiv \left(rs^b\right)^2 \equiv r^2 s^{2b} \equiv r^2 v^b \equiv xv^b \,(\bmod\, n)$$

Korrektheit Eine betrügerische $\tilde{A}$ kann höchstens auf eine der zwei Fragen $b = 0$ oder $b = 1$ antworten.

Könnte sie beide Fragen (mit y_0 bzw. y_1) beantworten, so könnte sie damit eine Wurzel von v berechnen: Aus

$$y_0^2 \equiv x \,(\bmod\, n)$$

und

$$y_1^2 \equiv xv \,(\bmod\, n)$$

folgt

$$\left(\frac{y_1}{y_2}\right)^2 \equiv v \,(\bmod\, n)$$

und somit ist

$$\frac{y_1}{y_0}$$

eine Quadratwurzel von v modulo n. $\tilde{A}$ kann in einer Runde also höchstens mit Wahrscheinlichkeit 1/2 betrügen.

Andererseits kann $\tilde{A}$ in einer Runde auch mindestens mit Wahrscheinlichkeit 1/2 betrügen: Wenn sie vermutet, dass B die Frage b stellen wird, so kann sie ihre Antworten entsprechend präparieren: Wenn sie

$$x := r^2 v^{-b} \bmod n$$

und

$$y = r$$

setzt, so wird B bei der Verifikation keinerlei Unregelmäßigkeiten feststellen (s. u.). v^{-b} ist hierbei das multiplikative Inverse von v^b modulo n; für $b = 1$ kann dieses mit dem erweiterten Euklidischen Algorithmus berechnet werden, für $b = 0$ ist das einfach 1.

Wie oben folgt, dass $\tilde{A}$ in t Runden genau mit Wahrscheinlichkeit $(1/2)^t$ betrügen kann.

Zero-Knowledge Der Simulator M kann mit B auf folgende Art und Weise einen Dialog simulieren:

- M wählt zufällig ein Bit c und eine Zahl r; dann sendet er $x := r^2 v^{-c} \bmod n$ an B.
- B antwortet mit einem Bit b.
- Ist $b = c$, so sendet M die Nachricht $y = r$ an B. Eine Überprüfung durch B ist in diesem Fall erfolgreich, denn es gilt:

$$xv^b \equiv r^2 v^{-c} v^b \equiv r^2 \equiv y^2 \pmod{n}$$

Das Tripel (x, b, y) repräsentiert einen Schritt der simulierten Unterhaltung.

Ist $b \neq c$, so werden alle gesendeten Nachrichten gelöscht und die Simulation dieser Runde erneut gestartet.

Sowohl im Originaldialog als auch im nachgestellten Dialog taucht die gleiche Anzahl von (zufälligen) Tripeln (x, b, y) auf, für welche die Gleichung

$$xv^b \equiv y^2 \pmod{n}$$

gilt. Die beiden Dialoge sind also für einen Außenstehenden nicht zu unterscheiden.

Das Fiat-Shamir-Verfahren lässt sich besonders gut zum Nachweis der Identität von Personen bzw. den diesen Personen zugeordneten Geräten (z. B. Smartphones oder Chipkarten) einsetzen. Zero-Knowledge-Verfahren sind Public-Key-Algorithmen da derjenige, der die Identität eines Teilnehmers überprüfen will, keine geheime Information mit diesem teilen muss.

Der direkte Einsatz von Zero-Knowledge-Verfahren zur Nutzeridentifikation ist selten – hier stehen diese Verfahren in direkter Konkurrenz zu digitalen Signaturen. Es gab akademische [Kno88] und praktische [EP91] Implementierungen, die sich aber nicht durchsetzen konnten.

Indirekt haben Zero-Knowledge-Protokolle aber die moderne Kryptographie revolutioniert, nämlich über die Fiat-Shamir-Heuristik (Abschn. 4.7). Wir werden die entsprechenden Entwicklungen in diesem Abschnitt weiterverfolgen.

Im Rest dieses Kapitels behandeln wir einige wichtige Eigenschaften im Umfeld von Zero-Knowledge-Protokollen. Dabei treten teilweise komplexe Argumentationsketten auf. Davon sollten Sie sich nicht abschrecken lassen, sondern im Zweifelsfall kurz entschlossen weiterblättern.

4.3 Alle Probleme in NP besitzen einen Zero-Knowledge-Beweis

Als das Konzept der Zero-Knowledge-Beweise im Jahr 1985 entdeckt wurde, gab es zunächst nur sehr wenige Beispiele für solche Verfahren. Man vermutete damals, dass es – ähnlich wie bei den Public-Key-Kryptosystemen – nur sehr wenige Probleme gebe, die sich zur Konstruktion von Zero-Knowledge-Protokollen eignen. Es war daher überraschend, dass Goldreich, Micali und Wigderson 1986 beweisen konnten, dass unter bestimmten, allgemein akzeptierten Voraussetzungen alle „interessanten" Probleme einen Zero-Knowledge-Beweis besitzen: In [GMW86] konstruierten sie unter der Voraussetzung, dass „theoretisch gute" Verschlüsselungsfunktionen existieren, für das NP-vollständige Problem der 3-Färbbarkeit von Graphen einen Zero-Knowledge-Beweis und zeigten damit, dass alle Probleme in **NP** (vgl. Abschn. 9.7) solche Verfahren zulassen.

Wir wollen im Folgenden ein anderes, leichter zugängliches Problem in den Mittelpunkt stellen, das **NP**-vollständige Problem, einen hamiltonschen Kreis in einem Graphen zu finden. Ein **hamiltonscher Kreis** eines Graphen G ist ein geschlossener Weg entlang der Kanten von G, der jede Ecke genau einmal passiert (vgl. [Jun90]). Ein Graph heißt **hamiltonsch** (Abb. 4.6), wenn er einen hamiltonschen Kreis besitzt.

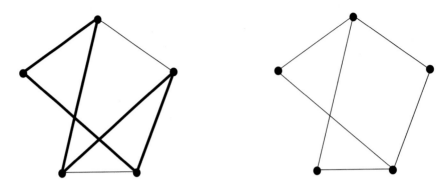

Abb. 4.6 Ein hamiltonscher und ein nicht-hamiltonscher Graph

Ein Zero-Knowledge-Protokoll für den Nachweis, dass ein gegebener Graph hamiltonsch ist, stammt von M. Blum ([Blu86]; zitiert nach [Schn96]). Als Voraussetzung fließt dabei ein, dass es praktisch unmöglich sein muss, zu entscheiden, ob zwei große, gegebene Graphen isomorph sind oder nicht.

Das Protokoll läuft wie folgt ab: A kennt einen hamiltonschen Kreis K des Graphen G. Sie wählt eine zufällige Permutation π, wendet diese auf G an und erhält einen isomorphen Graphen H mit hamiltonschem Kreis $\pi(K)$. A sendet den Graphen H an B, der mit einem Bit b antwortet: Ist $b = 0$, so muss A zeigen, dass G und H isomorph sind; ist dagegen $b = 1$, so muss A einen hamiltonschen Kreis in H offenlegen.

Dieses Protokoll (vgl. auch Abb. 4.7) ist ein interaktiver Beweis der Behauptung „G ist hamiltonsch" (d. h. es ist *durchführbar* und *korrekt*).

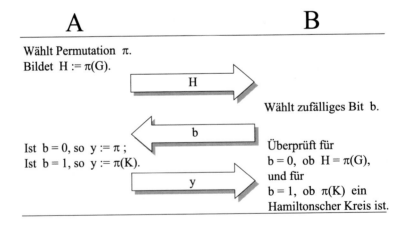

Abb. 4.7 Zero-Knowledge-Protokoll zum Nachweis, dass der Graph G hamiltonsch ist

Zum Nachweis der *Zero-Knowledge-Eigenschaft* benötigt man eine weitere graphentheoretische Voraussetzung, nämlich dass es möglich ist, einen Graphen G' mit hamiltonschem Kreis K' zu konstruieren, der von G praktisch nicht zu unterscheiden ist. Dann kann man bei der Simulation der Unterhaltung nämlich immer so vorgehen, dass man versucht, die Frage von B zu raten, und für $b = 0$ den Graphen $H = \pi(G)$, für $b = 1$ dagegen den Graphen $H' = \pi\left(G'\right)$ an B sendet.

Diese zweite Voraussetzung ist allerdings sehr speziell und könnte sich als falsch herausstellen. Man kann sie jedoch durch eine allgemeinere Annahme ersetzen, nämlich die, dass sichere Bit Commitment-Verfahren existieren. In diesem Fall muss man das in Abb. 4.7 beschriebene Protokoll noch um einige Schritte ergänzen. Dies soll im Folgenden geschehen.

Zunächst stellt man den Graphen G durch seine Adjazenzmatrix M dar (siehe Abb. 4.8). Besitzt G einen hamiltonschen Kreis, und markiert man die Einsen, die zu diesem Kreis gehören, so enthält die Adjazenzmatrix in jeder Zeile und in jeder Spalte genau zwei markierte Einsen. Dann permutiert man G und damit auch M mit der zufällig gewählten Permutation π und verschlüsselt die Einträge von $\pi(M)$ anschließend mit einem Bit Commitment-Verfahren.

Der Verifizierer B kann zwischen zwei Möglichkeiten wählen: Sendet er das Bit 1, so öffnet A alle Bit Commitments und gibt die verwendete Permutation bekannt. Sendet B dagegen Bit 0, so öffnet A lediglich die

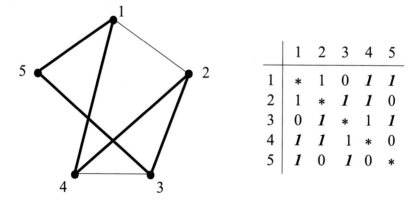

Abb. 4.8 Hamiltonscher Graph mit zugehöriger Adjazenzmatrix. *Die Ecken des Graphen sind durchnummeriert. Der Eintrag 1 in der Adjazenzmatrix bedeutet, dass die entsprechenden Ecken durch eine Kante verbunden sind. Die zum hamiltonschen Kreis gehörenden Einsen sind fett und kursiv markiert*

Commitments, die den markierten Einsen des hamiltonschen Kreises entsprechen. Eine Beispielrunde dieses Protokolls ist in Abb. 4.9 beschrieben.

Die Zero-Knowledge-Eigenschaft kann hier allein mithilfe der Eigenschaften der Bit Commitment-Funktion nachgewiesen werden. Zur Simulation der Unterhaltung zwischen A und B geht man wie folgt vor:

- Der Simulator M versucht, die Frage von B zu raten; das Ergebnis sei b'.

  - Ist $b' = 0$, so wählt er eine zufällige Permutation π, verschlüsselt die Bits der Adjazenzmatrix des Graphen $\pi(G)$ mit dem Bit Commitment-Verfahren und sendet das Ergebnis an B.
  - Ist $b' = 1$, so wählt er als Graphen einen hamiltonschen Kreis auf den Punkten des Graphen. Dessen Adjazenzmatrix enthält genau zwei Einsen pro Zeile und pro Spalte. Die Einträge werden mit dem Commitment-Verfahren verschlüsselt. Das Ergebnis geht an B.

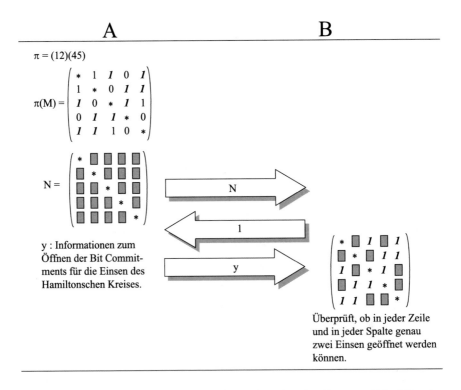

Abb. 4.9 Protokoll zum Nachweis, dass der Graph G aus Abb. 4.8 einen hamiltonschen Kreis besitzt

- M vergleicht die tatsächliche Frage b von B mit dem geratenen Wert b'. Ist $b \neq b'$, so bricht er die Simulation ab und beginnt von vorne. Im Fall $b = b'$ geschieht folgendes:

  - Ist $b = b' = 0$, so öffnet M alle Commitments und teilt B die Permutation π mit; B akzeptiert.
  - Ist $b = b' = 1$, so öffnet M nur die Commitments der je zwei Einsen pro Zeile und pro Spalte; B akzeptiert auch hier.

Die Angabe dieses einen Protokolls genügt zum Beweis, dass alle Probleme in **NP** einen Zero-Knowledge-Beweis zulassen. Die **NP**-vollständigen Probleme haben nämlich die besondere Eigenschaft, dass man mit ihnen jedes Problem in **NP** formulieren kann. Will man zum Beispiel die Aussage „x ist kein quadratischer Rest modulo n" beweisen, so kann man diese Behauptung nach zugegebenermaßen verwirrenden, aber nichtsdestoweniger sogar von einem Computer ausführbaren Berechnung in die Behauptung „$G_{x,n}$ hat einen hamiltonschen Kreis" verwandeln. Dabei hängt der Graph $G_{x,n}$ von x und n ab, und die zweite Behauptung ist genau dann richtig bzw. falsch, wenn die erste richtig bzw. falsch ist.

Das in diesem Abschnitt beschriebene Resultat aus [GMW86] konnte zwei Jahre später noch verbessert werden. Es gelang Impagliazzo und Yung [IY87] und unabhängig davon Ben-Or, Goldreich, Goldwasser, Hastad, Kilian, Micali und Rogaway [BGGHKMR88] zu beweisen, dass jedes Problem, das einen interaktiven Beweis zulässt (diese Probleme sind zur Klasse **IP** zusammengefasst), auch einen Zero-Knowledge-Beweis besitzt. Dieser Beweis beruht auf einer ähnlichen Annahme wie der hier vorgestellten, nämlich dass es sichere Bit Commitment-Verfahren gibt. Nähere Auskünfte über die Theorie der Zero-Knowledge-Beweise findet man in [Fei92].

4.4   Es ist besser, zwei Verdächtige zu verhören

Alle bisher angegebenen interaktiven Beweise und Zero-Knowledge-Verfahren beruhen auf mathematischen Annahmen, zum Beispiel darauf, dass es sehr schwer ist, einen Isomorphismus zweier Graphen zu finden, oder dass die Faktorisierung großer natürlicher Zahlen praktisch unmöglich ist. Leider konnte bisher keine dieser Annahmen mathematisch bewiesen werden, obwohl die meisten Mathematiker fest an die Richtigkeit dieser Behauptungen glauben; ein solcher Nachweis scheint sehr schwierig zu sein.

Diese Annahmen sind allerdings *nicht* für den Nachweis der Zero-Knowledge-Eigenschaft wichtig; diese würde auch erhalten bleiben, wenn die oben genannten Probleme leicht zu lösen wären: Man könnte mit den Zero-Knowledge-Protokollen in diesem Fall aber nichts mehr anfangen, da jetzt jeder die Rolle von A spielen könnte: Die Protokolle wären nicht mehr *korrekt*.

Hier stellt sich die Frage, ob man ein korrektes Zero-Knowledge-Protokoll auch ohne diese unbewiesenen Annahmen konstruieren kann, um „für alle Fälle" gerüstet zu sein. Die Antwort auf diese Frage ist „ja". Dabei macht man sich einen alten Polizeitrick zunutze.

Der Trick wird in Abb. 4.10 dargestellt: Wenn es im Zusammenhang mit einer Straftat mehrere Verdächtige gibt, so werden diese getrennt befragt, sodass sie während des Verhörs nicht miteinander kommunizieren können. Sind die Verdächtigen unschuldig und sagen die Wahrheit, so wird es zwischen den beiden Aussagen keine Widersprüche geben. Sind sie jedoch schuldig und versuchen zu lügen, so kann es leicht passieren, dass sie sich im Detail widersprechen, denn sie können nicht jede Kleinigkeit vorher absprechen.

In einem Zero-Knowledge-Protokoll ist der Prover A zunächst einmal immer verdächtig: Es könnte sich bei ihm ja um einen Betrüger $\tilde{A}$ handeln, der nur vorgibt, A zu sein.

Nehmen wir als Beispiel das Zero-Knowledge-Protokoll aus dem vorigen Abschnitt. A behauptet darin, dass ein gegebener Graph G hamiltonsch sei. Sie gibt diese Aussage nochmals zu Protokoll, indem sie eine verschlüsselte

Abb. 4.10 Beim polizeilichen Verhör werden Verdächtige getrennt befragt

Version der permutierten Adjazenzmatrix an den Polizisten B weiterreicht. Dieser überprüft A's Geschichte nun im Detail: Kann sie die Isomorphie zu G nachweisen, oder kann sie einen hamiltonschen Kreis angeben?

Hat man zwei Prover A_1 und A_2, die beide behaupten, G sei hamiltonsch, so kann man das Festlegen und Öffnen eines Bits mit einem Bit Commitment-Schema aus [BGKW88] auf diese beiden Personen verteilen: A_1 legt sich auf ein bestimmtes Bit fest, und B lässt sich von A_2 dieses Bit öffnen. Dieses Bit Commitment-Verfahren kommt im Gegensatz zu den in Abschn. 2.6 beschriebenen Verfahren ohne jede kryptographische Annahme aus.

Um überhaupt die Commitments des jeweils anderen öffnen zu können, müssen A_1 und A_2 in diesem Verfahren beide eine Zufallsfolge ρ aus den Ziffern 0, 1 und 2 besitzen, die niemandem sonst bekannt ist; sie können diese vor Beginn des Protokolls vereinbaren:

$$\rho = (r_1, r_2, \ldots, r_k), r_i \in \{0, 1, 2\}$$

Sie dürfen sich außerdem auf eine Strategie verständigen, B zu betrügen, aber nach Beginn des Protokolls dürfen sie nicht mehr miteinander reden. Allen Beteiligten sind außerdem die beiden folgenden Funktionen bekannt:

$$\sigma_0 : \begin{cases} 0 \mapsto 0 \\ 1 \mapsto 1 \\ 2 \mapsto 2 \end{cases} \quad \text{und} \quad \sigma_1 : \begin{cases} 0 \mapsto 0 \\ 1 \mapsto 2 \\ 2 \mapsto 1 \end{cases}.$$

A_1 kann sich nun B gegenüber auf eine Folge von maximal k Bits festlegen. Für das j-te Bit b dieser Folge beschreibt Abb. 4.11 diesen Vorgang.

Zu einem späteren Zeitpunkt kann sich B mithilfe des Protokolls aus Abb. 4.12 ausgewählte Bits von A_2 öffnen lassen.

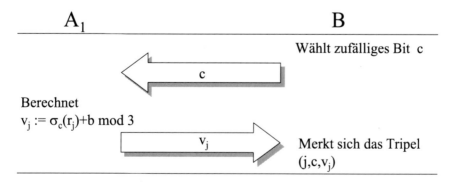

Abb. 4.11 A_1 legt sich für das j-te Bit B gegenüber auf b fest

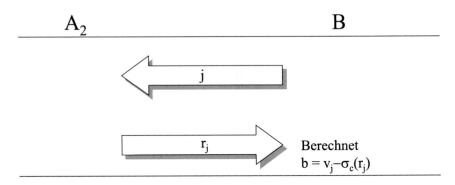

Abb. 4.12 A_2 öffnet das j-te Bit für B

Warum funktioniert dieses Verfahren? Warum können A_1 und A_2 gemeinsam nicht B betrügen, indem A_2 ein anderes Bit öffnet als das, auf das sich A_1 festgelegt hat?

Nehmen wir an, A_1 habe sich auf das Bit $b = 0$ festgelegt, aber A_2 möchte gern B gegenüber das Bit $b' = 1$ öffnen. Nehmen wir weiter an, dass in Abb. 4.11 die Werte $c = 0$ und $r_j = 0$ verwendet wurden. Dann gilt

$$v_j = \sigma_0(0) + 0 = 0$$

A_2 kennt die Werte $b = 0$, $r_j = 0$ und (da $\sigma_0(0) = \sigma_1(0) = 0$) in diesem Fall auch $v_j = 0$, aber sie kennt c nicht. Da sie einen anderen Wert b' öffnen will, muss sie im Protokoll aus Abb. 4.12 auch einen anderen Wert r_j' angeben, und nicht den tatsächlichen Wert $r_j = 0$. Doch was soll sie wählen: $r_j' = 1$ oder $r_j' = 2$? Sie kann mit den ihr bekannten Parametern die folgende Tabelle erstellen:

c	v_j	$r_j' = 0$	$r_j' = 1$	$r_j' = 2$
0	0	0	2	1
1	0	0	1	2

Da A_2 den Wert von c nicht kennt, kann sie keine sichere Entscheidung treffen. Wenn sie beim Öffnen des j-ten Bits einen anderen Wert als den tatsächlichen $r_j = 0$ schickt, wird B mit Wahrscheinlichkeit $1/2$ die Zahl 2 berechnen und so den Betrug feststellen, da 2 kein Bit ist. Muss A_2 im Gesamtprotokoll t der k Bits fälschen, um das Gesamtergebnis zu manipulieren, so liegt die Betrugswahrscheinlichkeit nur bei $(1/2)^t$.

Das hier beschriebene Bit Commitment-Schema kann in größeren Protokollen wie zum Beispiel dem Zero-Knowledge-Verfahren aus Abb. 4.9

des vorigen Abschnitts oder dem Verfahren aus [BGGHKMR88] eingesetzt werden. Damit kann man zeigen, dass es 2-Prover Zero-Knowledge-Verfahren für ganz **NP** bzw. für ganz **IP** = **PSACE** gibt. Kombiniert man dies mit dem Ergebnis **MIP** = **NEXP** aus [BFL90], das besagt, dass man mit mehreren Provern alle Probleme beweisen kann, deren Lösungen in exponentieller Zeit überprüft werden können, so erhält man 2-Prover-Zero-Knowledge-Verfahren für die riesige Klasse **MIP** (vgl. hierzu [Fei92]).

4.5 Witness Hiding

Bei der Untersuchung von Zero-Knowledge Protokollen hat sich herausgestellt, dass die Zero-Knowledge-Eigenschaft nicht erhalten bleiben muss, wenn Protokolle **parallel** durchgeführt werden, das heißt wenn Prover und Verifizierer in jeder Runde nicht nur eine, sondern gleich mehrere Nachrichten senden: Würde man z. B. das Fiat-Shamir-Protokoll n-mal parallel ausführen, so bliebe die Durchführbarkeit erhalten, die Korrektheit des Protokolls in jeder Runde würde verbessert, aber die Laufzeit des Zero-Knowledge-Simulators wäre 2^n mal größer, also exponentiell im Parallelitätsfaktor n.

Gerade diese Parallelität ist in kryptographischen Anwendungen tun, weil dadurch die Anzahl der zu sendenden Nachrichten klein und damit das Protokoll schnell wird.

Das Konzept eines Witness-Hiding-Protokolls (kurz WH-Protokoll), eingeführt von Feige und Shamir [FeS90], bietet eine Lösung dieses Problems: Man kann unter Benutzung des Begriffs der Witness-Indistinguishability (kurz WI) zeigen, dass die WH-Eigenschaft bei beliebig komplexen Protokollen erhalten bleibt, wenn alle Teilprotokolle diese Eigenschaft haben. Für diese Eigenschaft muss man allerdings einen kleinen Preis zahlen: Im Gegensatz zu Zero-Knowledge-Verfahren kann der Verifier V bei WH-Protokollen eventuell Informationen vom Prover P erhalten. Die Sicherheit bleibt trotzdem gewahrt, denn *V erfährt absolut nichts über das Geheimnis w von* P. Das Witness-Hiding Konzept löst somit das oben genannte Problem der Parallelisierbarkeit.

Hier noch einige Anmerkungen zur Terminologie. Das Wort „witness" bedeutet in der englischen Sprache so viel wie „Zeuge in einem Gerichtsverfahren" oder „Beweisstück". Wir verstehen hier unter einem **Zeugen** bzw. einer **witness** w für die Behauptung „x hat die Eigenschaft L" eine Information, die uns hilft, die Behauptung mathematisch zu beweisen. Die folgenden Beispiele sollen diese Definition illustrieren.

1. Ein Zeuge für die Behauptung „Die Zahl m ist faktorisierbar" ist z. B. ein Primteiler p von m. Mit Hilfe von $w = p$ können wir die Behauptung beweisen, indem wir m durch p teilen und so nachweisen, dass das Ergebnis ganzzahlig ist
2. Wollen wir die Behauptung „Die Graphen G_0 und G_1 sind isomorph" zeigen, so ist ein Isomorphismus zwischen G_0 und G_1 ein Zeuge für diese Behauptung

4.5.1 Witness Indistinguishability

> **Definition**
>
> Ein Protokoll für die Behauptung „x hat die Eigenschaft L" ist **witness-indistinguishable** (hat die **WI-Eigenschaft**), wenn man Ausführungen des Protokolls, in denen der Prover P einen Zeugen w_1 benutzt, nicht von solchen unterscheiden kann, in denen er einen anderen Zeugen w_2 benutzt.

Als Beispiel betrachten wir das Fiat-Shamir Verfahren (Abb. 4.13). Der Prover A identifiziert sich hier gegenüber dem Verifier B, indem er die Gültigkeit der Behauptung „v ist ein quadratischer Rest (dessen Quadratwurzel ich kenne)" zeigt. Der Zeuge w ist die geheime Quadratwurzel s von v. Dieses Protokoll hat die WI-Eigenschaft: Da n das Produkt zweier

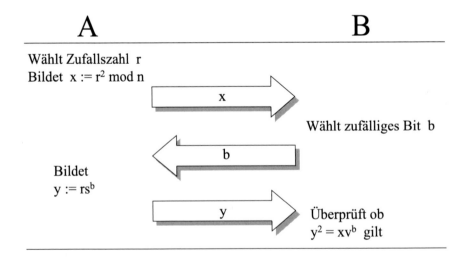

Abb. 4.13 Das Fiat-Shamir Verfahren mit dem Zeugen s für die Behauptung „v ist ein quadratischer Rest"

verschiedener Primzahlen ist, gibt es zu jedem quadratischen Rest v vier Quadratwurzeln. Es seien s_1 und s_2 zwei verschiedene Wurzeln von v. Wir müssen zeigen, dass B nicht unterscheiden kann, ob A den Zeugen s_1 oder s_2 benutzt.

Für $t = s_1/s_2 \bmod n$ gilt $t^2 \equiv v/v \equiv 1 \pmod{n}$ und

$$s_1 \equiv t s_2 \pmod{n}$$

Daraus folgt

$$r s_1 \equiv (rt) s_2 \pmod{n}$$

Wegen

$$(rt)^2 \equiv r^2 t^2 \equiv r^2 \equiv x \pmod{n}$$

kann B im Fiat-Shamir-Protokoll nicht unterscheiden, ob A den Zeugen s_1 mit der Zufallszahl r, oder ob sie den Zeugen s_2 mit der Zufallszahl rt benutzt. B hat also keine Chance zu entscheiden, welchen Zeugen A verwendet.

Als Verallgemeinerung des obigen Beispiels ergibt sich:

Resultat 1 [FeS90] Jedes Zero-Knowledge Protokoll hat die WI-Eigenschaft.

Beweis Dieses Resultat folgt aus der Transitivität der Zero-Knowledge-Eigenschaft. Wir betrachten dazu die Sichten des Verifiers $View(P(w_1), V)$ und $View(P(w_2), V)$ auf das gleiche Zero-Knowledge-Protokoll, wobei der Prover einmal w_1 und beim nächsten Mal w_2 verwendet. Da beide Sichten ununterscheidbar zu einer simulierten Sicht sind, müssen sie auch untereinander ununterscheidbar sein.

Das folgende Ergebnis benötigen wir später im Zusammenhang mit Witness Hiding.

Resultat 2 [FeS90] Die WI-Eigenschaft bleibt bei paralleler Ausführung eines WI-Protokolls erhalten.

4.5.2 Witness Hiding

Für uns ist die WI-Eigenschaft nur ein Hilfsmittel. In kryptographischen Anwendungen sind Witness-Hiding-Protokolle von großer Wichtigkeit.

Ein Protokoll für die Behauptung „x hat die Eigenschaft L" ist **witness hiding** (hat die **WH-Eigenschaft**), wenn es für jeden Verifier V auch nach mehrmaliger Ausführung des Protokolls unmöglich ist, einen Zeugen w für diese Behauptung zu berechnen. Mit anderen Worten: Auch nachdem P und V das Protokoll mehrfach durchgeführt haben, kann V das Geheimnis von P nicht berechnen.

Um das Hauptergebnis von Feige und Shamir angeben zu können, brauchen wir noch einen weiteren Begriff.

Definition

Zwei Zeugen w_1 und w_2 für „x hat die Eigenschaft L" heißen **wesentlich verschieden**, wenn es mit Kenntnis von w_1 genauso schwer ist, w_2 zu berechnen, wie ohne Kenntnis von w_1, und umgekehrt.

Beispiele für wesentlich verschiedene Zeugen werden weiter unten angegeben.

Resultat 3 [FeS90]: Gegeben sei ein WI-Protokoll P für die Behauptung „x hat die Eigenschaft L". Wir setzen ferner voraus, dass es schwer ist, einen Zeugen w für diese Behauptung zu finden, und dass es mindestens zwei wesentlich verschiedene Zeugen w_1 und w_2 gibt. Dann hat P die WH-Eigenschaft.

Warum ist dieses Resultat richtig? Wir nehmen an, dass P unsere Bedingungen erfüllt (und insbesondere die WI-Eigenschaft hat), aber kein WH-Protokoll ist. Wenn wir diese Annahme zum Widerspruch führen können, haben wir gezeigt, dass WH aus WI folgt.

Wir simulieren nun das Protokoll P unter Verwendung eines Zeugen w_1. Da P laut Annahme nicht die WH-Eigenschaft hat, kann der Verifizierer B nach mehreren Durchgängen einen Zeugen w berechnen.

Hier kommt nun die WI-Eigenschaft ins Spiel: B kann nicht erkennen, ob der Prover A den Zeugen w_1 oder einen anderen Zeugen (z. B. w_2) verwendet hat. Also kann auch das Ergebnis von Bs Berechnungen nicht von w_1 abhängen. Mit einer nicht vernachlässigbaren Wahrscheinlichkeit ist w sogar wesentlich verschieden von w_1.

Wir wiederholen die Simulation so lange, bis wir einen von w_1 wesentlich verschiedenen Zeugen gefunden haben. Dies ist aber nach Definition des Begriffs „wesentlich verschieden" nicht möglich, also haben wir den gesuchten Widerspruch gefunden.

4.5.3 Parallele Versionen von kryptographischen Protokollen

Wir können nun die Ergebnisse von Feige und Shamir auf die uns bereits bekannten Zero-Knowledge Protokolle anwenden und zeigen, dass die parallelen Versionen dieser Protokolle die WH-Eigenschaft besitzen. Dazu genügt es zu zeigen, dass die (eventuell leicht modifizierten) Protokolle die Voraussetzungen von Resultat 3 erfüllen.

4.5.3.1 Das parallele Fiat-Shamir-Verfahren

Zu jedem quadratischen Rest v modulo $n = pq$ gibt es vier verschiedene Wurzeln $r, -r, s$ und $-s$, die A als Zeugen verwenden kann. Dabei sind $\pm r$ und $\pm s$ wesentlich verschieden: Es ist genauso schwer, $\pm s$ aus $\pm r$ zu berechnen, wie beliebige Wurzeln zu berechnen. Denn nehmen wir an, wir kennen s bereits, und berechnen mithilfe dieser Information r. Dann ist

$$0 = v - v \equiv s^2 - r^2 = (s + r)(s - r) \pmod{n},$$

und da $s - r \neq 0$ ist, haben wir einen echten Teiler $s - r$ von n gefunden. Da wir nun die Faktorisierung von n kennen, ist es einfach, beliebige Wurzeln zu berechnen: Man kann die Wurzeln modulo p und q berechnen und dann die Lösung mit dem chinesischen Restsatz zusammensetzen.

Das Fiat-Shamir-Verfahren erfüllt also die Voraussetzungen von Ergebnis 1 und darf somit auch parallel angewendet werden.

4.5.3.2 Der modifizierte diskrete Logarithmus

Bei Zero-Knowledge-Verfahren, die auf dem diskreten Logarithmus basieren, stehen wir vor einem besonderen Problem: es gibt hier zu jeder Behauptung von A „x hat einen diskreten Logarithmus, den ich kenne" nur genau einen Zeugen. Die Voraussetzungen von Ergebnis 1 sind also nicht erfüllt.

Wir können dieses Problem lösen, indem wir die Behauptung von A verändern:

„x oder x' haben einen diskreten Logarithmus, den ich kenne."

Für diese Behauptung gibt es nun zwei wesentlich verschiedene Zeugen, nämlich den diskreten Logarithmus w von x und den diskreten Logarithmus w' von x'. Da diese beiden diskreten Logarithmen absolut nichts miteinander zu tun haben, ist es genauso schwer, w' aus w zu berechnen, wie einen beliebigen diskreten Logarithmus zu berechnen. Deshalb darf das Protokoll in Abb. 4.14 auch parallel ausgeführt werden.

4.6 Honest Verifier Zero-Knowledge

Der Begriff Witness Hiding verringert die Sicherheitsanforderungen an ein Protokoll und hilft so, das Problem der parallelen Ausführung von interaktiven Beweisen in den Griff zu bekommen. Eine zweite Lösung besteht darin, die Fähigkeiten des Verifiers einzuschränken: Wenn Verifier „honest", also ehrlich, sind, dann bleibt die Zero-Knowledge-Eigenschaft auch bei paralleler Ausführung dieser Protokolle erhalten, allerdings nur gegenüber diesen „ehrlichen" Verifiern.

Ein Verifier B ist honest, wenn er seine Anfragen an A tatsächlich immer rein zufällig wählt. Dies ist eine optimale Strategie, um die Korrektheit eines Protokolls zu überprüfen, denn ein Betrüger A* kann die Anfragen von B hier tatsächlich nur raten. Es kann aber sein, dass es bessere Fragestrategien für einen unehrlichen Verifier B* gibt, dem es einfach nur darauf ankommt, möglichst viel über A's geheimen Wert zu erfahren. Die mögliche Existenz

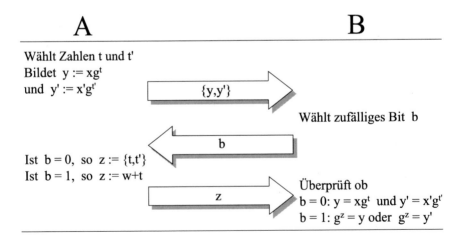

Abb. 4.14 Der modifizierte diskrete Logarithmus. A kennt den diskreten Logarithmus w von x, nicht aber den von x'

solcher verbesserter, unehrlicher Strategien ist auch der Grund, warum der Zero-Knowledge-Simulator die Anfragen von B nicht selbst „würfeln" darf, sondern B immer danach fragen muss.

Um die Idee hinter dem Begriff „Honest Verifier Zero-Konwledge" zu verstehen, müssen wir etwas tiefer in die Theorie hinter dem Begriff „Computer" einsteigen. Im Jahr 1937 veröffentlichte ein junger Mathematiker, Alan Turing, einen Aufsatz mit dem Titel „On computable numbers, with an application to the Entscheidungsproblem" [Tur37]. Darin beteiligte er sich an der damals intensiv geführten Diskussion, welche mathematischen Funktionen durch eine Rechenmaschine berechnet werden könnten. In diesem Aufsatz entwickelte er das Konzept der Turingmaschine.

Vor Alan Turing waren bereits die Konzepte der rekursiven Funktionen und des λ-Calculus entwickelt worden, die ebenfalls Formalisierungen von „Berechenbarkeit durch Maschinen" darstellten. Es konnte gezeigt werden, dass alle drei Formalisierungen dasselbe beschreiben, und so wurde die berühmte Church-Turing-These [Wiki] formuliert:

Die Klasse der Turing-berechenbaren Funktionen stimmt mit der Klasse der intuitiv berechenbaren Funktionen überein. [Hof11]

Daher ist die Turing-Maschine zur Grundlage von theoretischen Argumentationen geworden, was theoretisch möglich ist und was nicht.

Die Intuition von Alan Turing war die folgende: Stellen Sie sich vor, sie müssen schriftlich multiplizieren. Dazu benötigen Sie ein Blatt Papier (am besten kariertes Rechenpapier), und sie müssen das kleine Einmaleins im Kopf haben. In einer (deterministischen) Turingmaschine (Abb. 4.15a) zur schriftlichen Multiplikation würde das kleine Einmaleins als endlicher Automat abgespeichert – dieser Teil verändert sich während der Berechnung nicht. Das zweidimensionale karierte Papier wird durch einen eindimensionalen karierten Papierstreifen ersetzt, das Schreib/Leseband. Wie beim schriftlichen Multiplizieren auch stehen auf diesem Band am Anfang nur die beiden zu multiplizierenden Zahlen, dann werden Zwischenergebnisse geschrieben und ggf. wieder gelöscht, und am Ende steht auch das Endergebnis auf diesem Band. Gelesen und geschrieben wird immer nur in ein einzelnes Kästchen, bei der Turingmaschine erledigt das der Schreib/Lesekopf. Das Band darf überall gelesen und beschrieben werden, dazu wird es schrittweise nach links oder rechts bewegt.

Eine solche Turingmaschine ist deterministisch, und das ist auch gut so. Schließlich soll bei der Berechnung des Produkts zweier Zahlen immer das gleiche Ergebnis herauskommen.

In den Zero-Knowledge-Protokollen treten aber Computer als Prover A und Verifier B auf, die zufällige Werte wählen und ausgeben können. Dies ist mit einer deterministischen Turingmaschine nicht möglich. Daher wurde das Konzept einer probabilistischen Turingmaschine eingeführt (Abb. 4.15b), das sich nur in einem Punkt unterscheidet: Es gibt ein weiteres Band, das eine Zufallszahl enthält, und das nur gelesen werden darf, das Zufallsband. Die Turingmaschine erzeugt also ihren Zufall nicht irgendwie selbst, sondern bekommt beim Start unbegrenzt viele zufällige Bits auf das Zufallsband geschrieben. Unter Einbeziehung der Daten auf dem Zufallsband ist diese Turingmaschine dann wieder deterministisch: Bei gleichem Zufallsband und gleichen Eingabedaten liefert sie die gleiche Ausgabe.

Was man mit einer Turingmaschine machen kann ist, sie zurückzuspulen: man kann das Schreib-Leseband löschen und mit den Eingabewerten beschreiben, und das Zufallsband kann wieder an den Anfang zurückgespult werden. Das moderne Analogon dazu wäre eine virtuelle Maschine, die ihren Zufall aus der virtuellen Datei/dev/random/bezieht. Wenn man von dieser VM einen Snapshot erstellt hat, so beinhaltet dieser Snapshot auch den aktuellen Inhalt der Datei/dev/random/, und wenn wir die VM auf den Snapshot zurücksetzen, wird sie die gleichen Zufallswerte verwenden.

Bei einer erfolglosen Runde einer Zero-Knowledge-Simulation machen wir genau das: Wir spulen die Turingmaschine des Verifiers B zurück auf den Zeitpunkt vor Beginn der erfolglosen Runde. B verwendet also das Zufallsband von der gleichen Stelle ab noch einmal. Allerdings muss B dadurch nicht zwangsläufig die gleiche Frage stellen, da seine Ausgabe auch von der

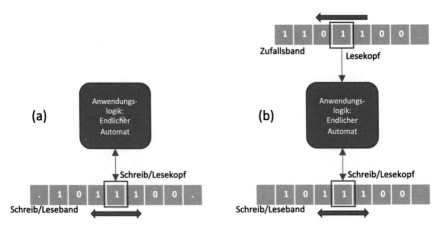

Abb. 4.15 Deterministische (a) und probabilistische Turingmaschine

Eingabechallenge abhängen kann. Genau dies wird bei einem Honest Verifier B aber ausgeschlossen!

Betrachten wir als Beispiel das Schnorr-Identifikationsverfahren aus Abb. 4.16 [Sch89]. Dieses Protokoll ist vollständig und korrekt, mit einer sehr kleinen Betrugswahrscheinlichkeit von $1/p$. Es hat aber nicht die Zero-Knowledge-Eigenschaft: Da es ungefähr 2^k mögliche Fragen von B gibt, liegt die Wahrscheinlichkeit für den Zero-Knowledge-Simulator, eine Runde erfolgreich simulieren zu können, nur bei $1/2^k$.

Wenn wir aber annehmen, dass B ein **Honest Verifier** ist, gelingt diese Simulation. Wir gehen dabei wie folgt vor:

- Der Simulator M schreibt einen beliebigen Wert nur bei t auf das Eingabeband der probabilistischen Turingmaschine B.
- Da B ein Honest Verifier ist, hängt seine Frage b nur von den k nächsten Bit auf seinem Zufallsband ab. Er schreibt somit b auf sein Schreib/Leseband.
- Der Simulator kennt jetzt b. Er spult B auf den Stand vor dieser letzten Runde zurück.
- Der Simulator wählt einen zufälligen Wert r und berechnet $t = g^r h^b$. Er schreibt diesen Wert auf das Eingabeband von B.

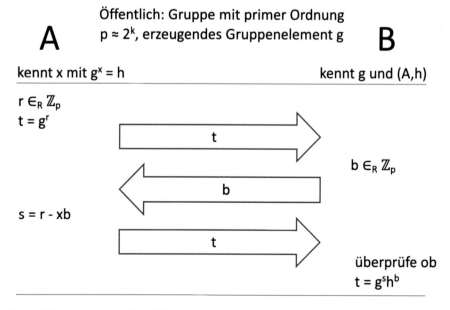

Abb. 4.16 Das Schnorr-Identifikationsverfahren

- Da B ein Honest Verifier ist, hängt seine Frage b wiederum nicht von t ab, sondern nur von den k nächsten Bit auf seinem Zufallsband. Daher schreibt er die gleiche Frage b auf sein Band.
- Der Simulator schreibt nun $s = r$ auf das Band von B.
- B überprüft erfolgreich die folgende Gleichung:

$$t = g^r h^b = g^s h^b$$

Damit ist die Simulation erfolgreich abgeschlossen, und M speichert das Tripel (t, b, r) ab.

Somit ist das Schorr-Identifikationsprotokoll ein Honest-Verifier-Zero-Knowledge-Protokoll, aber kein Zero-Knowledge-Protokoll. Ob die Annahme, dass ein Verifier „honest" ist, in der Praxis zutrifft, muss für jedes Einsatzgebiet neu geprüft werden.

4.7 Die Fiat-Shamir-Heuristik

Wenn in der kryptographischen Literatur von nicht-interaktiven Zero-Knowledge-Beweisen (NIZK) die Rede ist, so sind damit meist nicht die Konstruktionen des vorigen Kapitels gemeint, sondern die so genannte Fiat-Shamir-Heuristik. Mithilfe dieser Heuristik kann man aus vielen Zero-Knowledge-Beweisen neue Signaturverfahren konstruieren. Dabei geht streng genommen die Zero-Knowledge-Eigenschaft verloren, denn wenn man eine ununterscheidbare Signatur durch Simulation erzeugen könnte, dann könnte man sie fälschen! Dass man dennoch von Zero-Knowledge spricht liegt daran, dass in einem speziellen Modell, dem sogenannten Random Oracle Modell, eine Art Simulation möglich ist.

Wir wollen diese Heuristik am Beispiel des Fiat-Shamir Zero-Knowledge-Verfahrens erläutern. Dazu verwenden wir das parallele Fiat-Shamir-Verfahren aus Abb. 4.17.

In der parallelen Version des Fiat-Shamir-Verfahrens werden die Nachrichten aus t Runden jeweils zu einer Nachricht zusammengefasst. Dies verbessert die Fehlerwahrscheinlichkeit, erschwert aber die Simulierbarkeit zum Nachweis der Zero-Knowledge-Eigenschaft: Bei einer Fehlerwahrscheinlichkeit von $1/2^t$ benötigt man ungefähr $2t$ Versuche, um eine Runde zu simulieren. Man wird hier also einen Kompromiss zwischen der Anzahl der parallelen Nachrichten und der Anzahl der Runden anstreben.

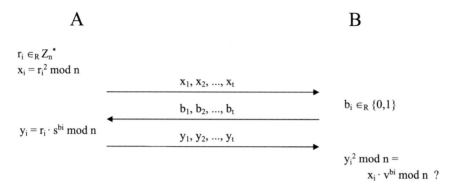

A

B

$$r_i \in_R Z_n^*$$
$$x_i = r_i^2 \bmod n$$

$$x_1, x_2, ..., x_t$$

$$b_1, b_2, ..., b_t$$

$$b_i \in_R \{0,1\}$$

$$y_i = r_i \cdot s^{b_i} \bmod n$$

$$y_1, y_2, ..., y_t$$

$$y_i^2 \bmod n = $$
$$x_i \cdot v^{b_i} \bmod n \; ?$$

Abb. 4.17 Die parallele Version des Fiat-Shamir-Verfahrens

Die Idee von Fiat und Shamir war ebenso genial wie einfach: Warum muss der Verifier B die Bits b_i echt zufällig wählen, wenn es in der Kryptographie Hashfunktionen gibt? Wir könnten also die zufällige Wahl dieser Bits durch die Berechnung eines Hashwerts ersetzen, der mindestens von den x_i abhängt. Diese Abhängigkeit ist notwendig, da ein Angreifer sonst

$$x_i = y_i^2 / v^{b_i} \bmod n$$

wählen und so ohne Kenntnis von s die Signatur fälschen könnte. Neben den x_i kann man noch andere Werte in den Hashwert einfließen lassen, insbesondere eine zu signierende Nachricht m. Das Fiat-Shamir-Signaturverfahren ist in Abb. 4.18 dargestellt.

Eine Fiat-Shamir-Signatur [FS87] ist aber kein Zero-Knowledge-Beweis, da hier der Sicherheitsparameter t so gewählt werden muss, dass eine

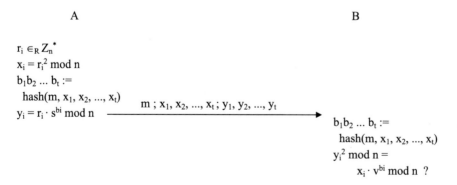

A

B

$$r_i \in_R Z_n^*$$
$$x_i = r_i^2 \bmod n$$
$$b_1 b_2 \ldots b_t :=$$
$$\text{hash}(m, x_1, x_2, ..., x_t)$$
$$y_i = r_i \cdot s^{b_i} \bmod n$$

$$m \; ; x_1, x_2, ..., x_t \; ; y_1, y_2, ..., y_t$$

$$b_1 b_2 \ldots b_t :=$$
$$\text{hash}(m, x_1, x_2, ..., x_t)$$
$$y_i^2 \bmod n = $$
$$x_i \cdot v^{b_i} \bmod n \; ?$$

Abb. 4.18 Das Fiat-Shamir-Signaturverfahren

Fälschung (und damit auch eine Simulation durch einen Simulator) unmöglich gemacht wird.

Die Sicherheit dieses Signaturverfahrens beruht ganz entscheidend auf der Sicherheit der Hashfunktion: Wenn einzelne Bits des Ergebnisses vorhersagbar sind, oder wenn es viele berechenbare Kollisionen gibt, kann ggf. die Signatur gefälscht werden.

In [BR93] wurden daher als idealisierte Hashfunktionen so genannte Random Oracles eingeführt. Ein Random Oracle ist dabei eine mathematische Funktion, die einer Bitfolge beliebiger Länge eine echt zufällige Bitfolge fester Länge zuordnet. (Das tun auch Hashfunktionen, nur ist ihre Ausgabe nur pseudozufällig, und sie haben eine innere Rundenstruktur, die für Angriffe ausgenutzt werden kann.) Auf Random Oracles sind nur generische Angriffe wie vollständige Klartextsuche zur Invertierung der Hashfunktion, oder Anwenden des Geburtstagsparadoxons zum Finden von Kollisionen, möglich.

Ob das Random Oracle-Modell eine brauchbare Formalisierung von idealen Hashfunktionen ist, ist umstritten. In [CGH98] wird ein Signaturverfahren vorgestellt, das im Random Oracle-Modell sicher ist, aber für jede nur denkbare konkrete Hashfunktion (auch die zukünftigen) versagt. Die Popularität dieses Modells beruht nicht zuletzt auf einer neuen, in [BR93] eingeführten Beweismethode, bei der Random Oracles simuliert werden können. Dies ist für Hashfunktionen nicht möglich, und muss daher kritisch betrachtet werden.

Nichtinteraktive Zero-Knowledge-Protokolle wurden vorwiegend für Beweise in der theoretischen Kryptographie verwendet. In der Praxis nutzbare nichtinteraktive ZK-Beweise wurden von Jens Groth und Amit Sahai entwickelt [GS08].

Literatur

[Bab85]   Babai, L.: Trading group theory for randomness. In: Proceedings 17. STOC, 421–429 (1985)

[Bab16]   Babai, L.: Graph isomorphism in quasipolynomial time [extended abstract]. In: STOC, 684–697 (2016)

[BDG88]   Balcázar, J.L., Díaz, J., Gabarró, J.: Structural complexity I. Springer, Berlin (1988)

[BFL90]   Babai, L., Fortnow, L., Lund, C.: Nondeterministic exponential time has two-prover interactive proofs. In: Proceedings 31. FOCS, 16–25 (1990)

[BFM88]   Blum, M., Feldman, P., Micali, S.: Non-interactive zero-knowledge proof systems and applications. In: Proceedings 20. STOC (1988)

[BGGHKMR88] Ben-or, M., Goldreich, O., Goldwasser, S., Hastad, J., Kilian, J., Micali, S., Rogaway, P.: Everything provable is provable in zero-knowledge. CRYPTO '88, Springer LNCS 403, 37–56

[BGKW88]   Ben-or, M., Goldwasser, S., Kilian, J., Wigderson, A.: Multi-prover interactive proofs: how to remove intractability assumptions. In: Proceedings 20. STOC, 113–122 (1988)

[Blu86]   Blum, M.: How to prove a theorem so no one else can claim it. In: Proceedings of the international congress of mathematicians. Berkeley, CA., S. 1444–1451 (1986)

[BM88]   Babai, L., Moran, S.: Arthur-Melin games: a randomized proof system, and a hierarchy of complexity classes. JCSS **36**, 254–276 (1988)

[BR93]   Bellare, M., Rogaway, J.: Random oracles are practical: a paradigm for designing efficient protocols. In: Proceedings 1st ACM conference on computer and communications security fairfax, Virginia, USA. S. 62–73. ACM Press (1993)

[BS96]   Beutelspacher, A., Schwenk, J.: Was ist ein Beweis? Überblicke Mathematik, Bd. 1996. Vieweg Verlag, Wiesbaden (1996)

[CGH98]   Canetti, R., Goldreich, O., Halevi, S.: The random oracle methodology, revisited. In: Proceedings of the 30th annual ACM symposium on the theory of computing dallas, TX, May 1998. ACM (1998)

[EP91]   European Patent Application 0 428 252 A2, A System for Controlling Access to Broadcast Transmissions (1991)

[Fei92]   Feigenbaum, J.: Overview of interactive proof systems and zero-knowledge. In: Simmons, G.J. (Hrsg.) Contemporary cryptology: the science of information integrity, S. 423–439. IEEE Press, New Jersey (1992)

[FeS90]   Feige, U., Shamir, A.: Zero knowledge proofs of knowledge in two rounds. CRYPTO '89, Springer LNCS 435, 526–544

[FS87]   Fiat, A., Shamir, A.: How to prove yourself: practical solutions to identification and signature problems. CRYPTO '86, Springer LNCS 263, 186–194

[GMR85]   Goldwasser, S., Micali, S., Rackoff, C.: The knowledge complexity of interactive proof systems. In: Proceedings 17. STOC, 291–304 (1985)

[GMR89]   Goldwasser, S., Micali, S., Rackoff, C.: The knowledge complexity of interactive proof systems. SIAM J. Comput. **8**(1), 186–208 (1989)

[GMW86]   Goldreich, O., Micali, S., Wigderson, A.: Proofs that yield nothing but their validity and a methodology of cryptographic protocol design. In: Proceedings 27. FOCS, 171–185 (1986)

[GO94]   Goldreich, O., Oren, Y.: Definitions and properties of zero-knowledge proof systems. J Cryptol 7(1), 1–32 (1994)

[GS08]   Groth, J., Sahai, A.: Efficient non-interactive proof systems for bilinear groups. In: EUROCRYPT, 415–432 (2008)

[Hof11]   Hoffmann, D.W.: Theoretische informatik. 2., aktualisierte Aufl., S. 308. Hanser, München (2011), ISBN 978-3-446-42639-9

[IY87]   Impagliazzo, R., Yung, M.: Direct Minimum-Knowledge Computations. CRYPTO '87 LNCS, Bd. 293. Springer, S. 40–51 (1988)

[Jun90]   Jungnickel, D.: Graphen, Netzwerke und Algorithmen, 2. Aufl. BI Wissenschaftsverlag, Wien (1990)

[Kno88]   Knobloch, H.-J.: A smart card implementation of the fiat-shamir identification scheme. In: EUROCRYPT, 87–95 (1988)

[LS90]   Lapidot, D., Shamir, A.: Publicly Verifiable Non-Interactive Zero-Knowledge Proofs. CRYPTO '90, Springer LNCS 537, 339–356

[QG90]   Quisquater, J.-J., M., M., M., Guillou, L., M., G., A., G., S.: How to explain zero-knowledge to your children. CRYPTO '89, Springer LNCS 435, 628–631

[Sch96]   Schwenk, J.: Conditional access. In: Seiler, B. (Hrsg.) Taschenbuch der Telekom Praxis. Verlag Schiele & Söhne, Berlin (1996)

[Schn96]   Schneier, B.: Angewandte Kryptographie. Addison-Wesley, Bonn (1996)

[Sch89]   Schnorr, C.-P.: Efficient identification and signatures for smart cards. In: CRYPTO, 239–252 (1989)

[Sha90]   Shamir, A.: IP = PSPACE. In: Proceedings 31. FOCS, 11–15 (1990)

[Tur37]   Turing, A.M.: On computable numbers, with an application to the Entscheidungsproblem. Proc. Lond. Math. Soc. 2(1): 230–265 (1937)

[Wiki]   https://de.wikipedia.org/wiki/Church-Turing-These

[WA75]   Wußing, H., Arnold, W.: Biographien bedeutender Mathematiker. Aulis Verlag Deubner & Co., Köln (1975)

5

Multiparty Computations

In diesem Kapitel stellen wir Protokolle vor, mit deren Hilfe zwei oder mehr Personen auf korrekte Art und Weise zusammenarbeiten können.

5.1 Secret Sharing Schemes

Das Ziel von Secret Sharing Schemes ist es, ein Geheimnis derart in Teilgeheimnisse aufzuteilen, dass das Geheimnis nur aus bestimmten, vorher festgelegten Gruppen von Teilgeheimnissen wieder rekonstruiert werden kann. Wir betrachten zunächst zwei Beispiele.

Die Schatzinsel
In vielen Abenteuergeschichten ist das Versteck des Schatzes auf einer Karte verzeichnet. Diese Karte wurde in verschiedene Stücke zerlegt, und nur wenn alle Stücke wieder zusammengefügt werden, kann man den Schatz finden.

In diesem Beispiel sind der Ort des Schatzes und der Weg dahin das große Geheimnis; die einzelnen Stücke der Karte stellen die Teilgeheimnisse dar. Das Problem hierbei ist, dass man *alle* Teilgeheimnisse braucht, um an den Schatz zu kommen.

Das Vieraugenprinzip
In manchen Situationen wird die Verantwortung für wichtige Entscheidungen auf mehrere Personen verteilt. Zum Beispiel ist es in vielen Firmen so, dass ein Vertrag nur dann wirksam wird, wenn zwei Direktoren

© Der/die Autor(en), exklusiv lizenziert an Springer-Verlag GmbH, DE, ein Teil von Springer Nature 2022
A. Beutelspacher et al., *Moderne Verfahren der Kryptographie*,
https://doi.org/10.1007/978-3-662-65718-8_5

diesen unterschrieben haben. Dieses System ist insofern flexibel, als *je zwei* Direktoren zu einer Unterschrift berechtigt sind.

Mathematisch kann man beide Beispiele durch spezielle „Secret Sharing Schemes", die sogenannten **Threshold-Verfahren** („Schwellenverfahren") realisieren (Abb. 5.1): Ein Geheimnis S wird in eine gewisse Anzahl n von Teilgeheimnissen $S_1, \ldots, S_n$ so aufgeteilt, dass für eine natürliche Zahl t (die „Schwelle") gilt:

- Aus je t oder mehr Teilgeheimnissen kann das Geheimnis rekonstruiert werden.
- Aus weniger als t Teilgeheimnissen kann man das Geheimnis nicht berechnen, sondern höchstens mit einer verschwindend kleinen Wahrscheinlichkeit raten.

Wir konstruieren nun ein Beispiel für den Fall $t = 3$. Dazu betrachten wir die reelle Ebene. Das Geheimnis S stellen wir als Zahl s dar, die wir auf der y-Achse abtragen. Zur Erzeugung der Teilgeheimnisse wählt man ein Polynom $f(x) = ax^2 + bx + c$, wobei a und b zufällig gewählte Zahlen sind.

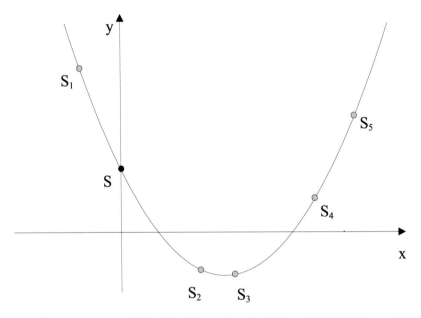

Abb. 5.1 Erzeugung von Teilgeheimnissen eines $(n, 3)$-Threshold-Verfahrens für das Geheimnis S. Durch Festlegung von zwei weiteren Punkten (z. B. S_1, S_2) neben S wird das quadratische Polynom eindeutig bestimmt, und weitere Punkte S_3, S_4, S_5 auf dem Graphen des Polynoms können als Teilgeheimnisse ausgewählt werden

Der Graph dieses Polynoms schneidet die y-Achse im Punkt $(0, s)$, der das Geheimnis S darstellt. Als Teilgeheimnisse wählen wir n beliebige verschiedene Punkte auf dem Graphen von $f(x)$.

Jede der beteiligten Personen erhält eines dieser Teilgeheimnisse. Zur Rekonstruktion des Geheimnisses muss das System nur die verwendete geometrische Struktur (in unserem Fall die reelle Ebene) zusammen mit der speziellen Geraden, auf der das Geheimnis liegt (in unserem Fall die y-Achse), kennen.

Wenn dann mindestens drei Teilgeheimnisse (Abb. 5.2), S_i, S_j und S_k vorgelegt werden, so ist die Kurve zweiten Grades durch die Punkte S_i, S_j und S_k eindeutig bestimmt, und damit auch der Schnittpunkt dieser Kurve mit der y-Achse. Das Geheimnis kann also eindeutig rekonstruiert werden. In der Praxis verwendet man hierzu die Lagrange-Interpolation:

Lagrange-Interpolation: Das eindeutige Polynom f(x) vom Grad $\leq$ t − 1 durch die Punkte $(a_i, b_i), i = 1, \ldots, t$ erhält man durch

$$f(x) = \sum_{i=1}^{t} \frac{(x - a_1) \cdot \cdots \cdot (x - a_{i-1})(x - a_i) \cdot \cdots \cdot (x - a_t)}{(a_i - a_1) \cdot \cdots \cdot (a_i - a_{i-1})(a_i - a_i) \cdot \cdots \cdot (a_i - a_t)} \cdot b_i$$

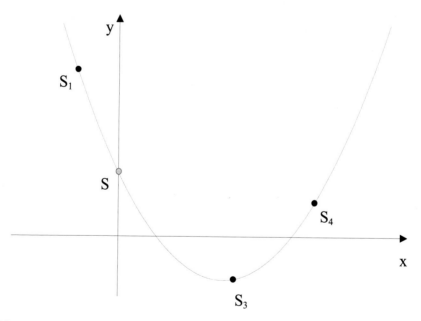

Abb. 5.2 Rekonstruktion des Geheimnisses aus drei Teilgeheimnissen. Durch Angabe der Punkte S_1, S_3 und S_4 kann das Polynom rekonstruiert und das Geheimnis als die Schnittstelle mit der y-Achse ermittelt werden

Bemerkungen

---

(1)   Die Konstruktion kann auf jedes beliebige t verallgemeinert werden; man muss nur ein Polynom $f(x) = a_{t-1}x^{t-1} + \ldots + a_1 x + S$ vom Grad $t-1$ mit zufällig gewählten a_i verwenden [Sha79]. Im Fall $t = 2$ ergibt sich eine Gerade

(2)   Zur Rekonstruktion des Geheimnisses muss aus t Teilgeheimnissen das zugehörige Polynom vom Grad t berechnet werden; dies geschieht am einfachsten mit der Lagrange-Interpolation (siehe Kasten)

(3)   In der Praxis verwendet man statt der reellen Zahlen endliche Körper; in diesen gelten alle verwendeten Rechenregeln (einschließlich der Lagrange-Interpolation). Sie haben den Vorteil, dass in ihnen keine Rundungsfehler auftreten. Wenn ein endlicher Körper mit q Elementen verwendet wird, so kann man die Betrugswahrscheinlichkeit genau angeben: Wenn weniger als t Teilgeheimnisse eingegeben werden, ist die Wahrscheinlichkeit, das richtige Geheimnis zu ermitteln, genau $1/q$. Diese Systeme sind beweisbar sicher, und die Betrugswahrscheinlichkeit kann durch Vergrößerung von q beliebig klein gemacht werden

---

Zur Realisierung komplexerer **Secret Sharing Schemes**, die keine einfachen Threshold-Verfahren mehr sind, benötigt man entsprechend komplexe Strukturen in höherdimensionalen Räumen.

Wir betrachten folgendes Beispiel, das kein Threshold-Verfahren ist: Ein Tresor mit geheimen Firmendokumenten darf sich nur öffnen, wenn.

- zwei Direktoren, oder
- drei Vizedirektoren, oder
- ein Direktor und zwei Vizedirektoren

ihr Einverständnis geben.

Der Geheimcode zum Öffnen des Tresors ist eine Zahl s, die durch einen Punkt S auf der z-Achse eines 3-dimensionalen Raumes dargestellt wird.

Zur Erzeugung der Teilgeheimnisse wählt man zunächst zufällig eine Ebene E durch den Punkt S, welche die z-Achse nicht enthält. Dann wählt man auf E eine Gerade g durch S und darauf Punkte $D_1, D_2, \ldots$, die den Direktoren zugeordnet werden. Schließlich wählt man einen Kreis c in E durch S und darauf Punkte $V_1, V_2, \ldots$, die den Vizedirektoren zugeordnet werden. Dabei muss beachtet werden, dass jede Gerade $V_i V_j$ durch zwei „Vizedirektorpunkte" V_i und V_j die Gerade g nicht in einem „Direktorpunkt" D_k schneiden darf (Abb. 5.3).

Dann kann jede der oben beschriebenen zulässigen Konstellationen das Geheimnis rekonstruieren und damit den Tresor öffnen [BR92]. Eine aus-

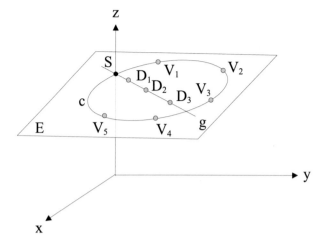

Abb. 5.3   Secret Sharing Scheme zur Realisierung einer komplexeren Zugriffsstruktur

führliche Diskussion geometrischer Secret Sharing Schemes findet man in [Ker92].

Man kann prinzipiell folgende Einsatzgebiete von Secret Sharing Schemes unterscheiden:

- **Bereitstellung eines Geheimnisses.** Der Wert, der bei der Rekonstruktion entsteht, ist vorher in diesem System nicht vorhanden. Das berechnete Geheimnis wird kryptographisch weiterverwendet, zum Beispiel als Schlüssel zur Ver- oder Entschlüsselung oder Signaturerzeugung.
- **Vergleich des rekonstruierten Geheimnisses mit einem gespeicherten.** Zusätzlich zur geometrischen Struktur ist auch das echte Geheimnis im System gespeichert, eventuell einwegverschlüsselt. Wenn der berechnete Wert mit dem gespeicherten übereinstimmt, wird eine bestimmte kritische Aktion ausgelöst.

5.2   Wer verdient mehr?

In jedem Betrieb gibt es das gleiche Problem: Kein Angestellter will oder darf verraten, wie viel Geld er verdient, möchte aber gern die Höhe der Gehälter seiner Kolleginnen und Kollegen erfahren.

Diesen Wunsch kann auch die Kryptographie nicht erfüllen, aber sie kann bei der Beantwortung verwandter Fragen helfen.

5.2.1 Wie hoch ist das Durchschnittsgehalt?

Alice, Bob und Carol möchten den Durchschnitt ihrer Gehälter berechnen. Aus diesem Wert könnten sie dann ersehen, ob sie mit ihrem Gehalt zufrieden sein müssen oder ob sie bei der nächsten Gehaltserhöhung kräftig zulangen sollten (Abb. 5.4).

Sie gehen dazu wie folgt vor: Zunächst bestimmen sie einen Sprecher, der das Ergebnis verkünden darf. Sie wählen Alice dafür aus.

Diese wählt eine Zufallszahl r und addiert ihr Gehalt a dazu. Diesen Wert gibt sie vertraulich an Bob weiter, der ihn um sein Gehalt b erhöht. Schließlich fügt noch Carol ihr Gehalt dem vertraulich erhaltenen Wert $r + a + b$ hinzu und gibt das Ergebnis an Alice weiter.

Alice, die als einzige die Zufallszahl r kennt, subtrahiert diese, erhält $a + b + c$ und teilt das Ergebnis durch die Zahl der Teilnehmer, also durch 3. Dann verkündet sie Bob und Carol das Ergebnis.

Keiner der drei Teilnehmer kann das Gehalt eines anderen bestimmen, da jeder Teilnehmer nach Abschluss des Protokolls nur drei Werte kennt; das reicht zur Bestimmung der vier Unbekannten aber nicht aus. Zum Beispiel kennt Carol nur die Werte $r + a + b$, c und $(a + b + c)/3$. Damit kann sie zwar auf r schließen, aber nicht den Wert $a + b$ auf Alice und Bob aufteilen.

Man kann dieses Protokoll auf beliebig viele Personen erweitern. Allerdings sollte man es nur mit guten Kollegen durchführen, denn

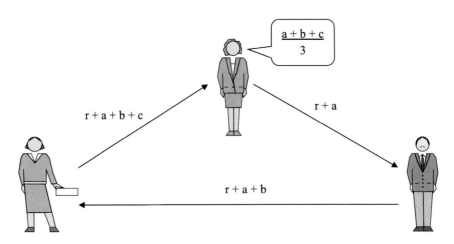

Abb. 5.4 Vertrauliche Berechnung des Durchschnittsgehalts

- es liefert nur dann ein korrektes Ergebnis, wenn alle Teilnehmer korrekte Angaben machen. Nennt irgendjemand eine Phantasiezahl, so ist auch das Ergebnis reine Spekulation.
- Wenn einige der Teilnehmer zusammenarbeiten, können sie die Gehälter der anderen berechnen. Im obigen Beispiel mit drei Personen reichen dazu zwei Verschwörer.

5.2.2 Wer verdient mehr?

Alice und Bob wissen jetzt, wie hoch das Durchschnittsgehalt ist, und dass sie beide darüber liegen. Sie wollen jetzt noch einen alten Streit schlichten und klären, wer von beiden mehr verdient. Sie benötigen dazu ein Public-Key-Verschlüsselungsverfahren und eine Einwegfunktion f.

Das Protokoll funktioniert wie folgt [Sal90]: Zunächst müssen sie entscheiden, wie genau sie ihre Gehälter vergleichen wollen. Sie entscheiden, dass es ihnen auf Beträge unter EURO 100,– nicht ankommt, und dass sie beide sicher unter EURO 10.000,– im Monat verdienen. Sie köne also ihre Löhne als Zahlen $0 \leq a, b \leq 100$ darstellen, was bedeutet, dass z. B. Alice ungefähr EURO $a \cdot 100$,– monatlich kassiert.

Nachdem sie diese Voraussetzungen geklärt haben, startet Alice das Protokoll. Sie wählt eine Zahl x und verschlüsselt diese mit Bobs öffentlichem Schlüssel:

$$c := E_B(x).$$

Dann sendet sie die Zahl

$$d := c - a$$

an Bob. Dieser versucht jetzt, x wieder zu berechnen. Da er a nicht kennt (und somit nicht von d auf den ursprünglichen Geheimtext c schließen kann), muss er für alle Zahlen i zwischen 0 und 100 die Entschlüsselungsoperation

$$y_i := D_B(d + i)$$

durchführen. Würde er diese 101 Werte $y_0, y_1, \ldots, y_{100}$ an Alice zurückschicken, so könnte diese darin den von ihr gewählten Wert x wieder finden.

Doch Bob muss ja in dieser Folge noch die Information über sein Gehalt verstecken, und dies geschieht wie folgt: Er unterwirft alle Werte dieser Folge einer Einwegfunktion f und erhält

$$z_i := f(y_i), \quad i = 0, \ldots, 100.$$

Er überprüft, ob unter diesen Werten zwei benachbarte Zahlen sind (das heißt, ob $z_i - z_j = 1$ für ein Paar $i > j$ gilt). Ist dies der Fall, was bei hinreichend großem x äußerst unwahrscheinlich ist, so muss das Protokoll noch einmal neu gestartet werden. Falls nicht, sendet Bob die Folge

$$z_0, z_1, \ldots, z_b, z_{b+1} + 1, z_{b+2} + 1, \ldots, z_{100} + 1$$

in beliebiger Reihenfolge an Alice.

Diese berechnet die Werte f(x) und f(x) + 1 und sucht sie in der erhaltenen Folge. Der Wert f(x) bzw. f(x) + 1 steht an der Stelle der obigen Folge, die Alices Gehalt entspricht. Findet sie den Wert f(x), so ist Bobs Gehalt höher; ist dagegen die Zahl f(x) + 1 vorhanden, so wird sie besser bezahlt.

Das Ergebnis ihrer Suche teilt sie Bob mit.

Damit weder Alice noch Bob etwas Genaueres über das Gehalt des anderen erfahren, ist eine Reihe von Sicherheitsmechanismen in das Protokoll eingebaut.

So erfährt Bob zum Beispiel nie den Wert x, die einzige variable Information, die Alice in das Protokoll einbringt, da er sonst a berechnen könnte.

Die Einwegfunktion f dient dazu, die Werte y_i gegen Entschlüsseln durch Alice zu schützen. Dies ist zum Beispiel bei Verwendung von RSA nötig, da hier auch die Formel E(D(m)) = m gilt. Erhielte Alice die Werte y_i (bzw. $y_i + 1$) und könnte diese entschlüsseln, so könnte sie auch feststellen, von welcher Stelle i an die Werte $y_i + 1$ auftreten und hätte so das Gehalt von Bob berechnet.

Bobs Überprüfung, ob benachbarte Zahlen auftreten, dient dagegen nicht der Sicherheit des Protokolls, sondern soll nur gewährleisten, dass f(x) und f(x) + 1 nicht gleichzeitig in der an Alice gesendeten Folge auftreten.

Dieses Protokoll (Abb. 5.5) kann natürlich auch für andere Zwecke eingesetzt werden, etwa wenn Unternehmen ihre geheimen Rücklagen vergleichen wollen, ohne diese preiszugeben. Eine andere Einsatzmöglichkeit ist der Vergleich von Verkaufspreis und Kaufangebot, wodurch Käufer und Verkäufer ihre Preisvorstellungen vergleichen können, ohne Informationen über die tatsächliche Höhe der Summe preiszugeben, die ihnen vorschwebt.

5.3   Skatspielen übers Telefon

Alois, Bernd und Christoph sind eingefleischte Skatspieler. Sie treffen sich jeden Sonntagvormittag in ihrer Stammkneipe. Es ärgert sie immer gewaltig, dass sie in den Sommerferien mit ihren Familien verreisen müssen und des-

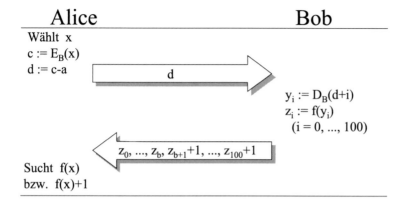

Alice		Bob

Wählt x
$c := E_B(x)$
$d := c-a$

→ d →

$y_i := D_B(d+i)$
$z_i := f(y_i)$
$(i = 0, ..., 100)$

← $z_0, ..., z_b, z_{b+1}+1, ..., z_{100}+1$ ←

Sucht $f(x)$
bzw. $f(x)+1$

Abb. 5.5 Vertrauliches Vergleichen zweier Gehälter

halb in dieser Zeit nicht spielen können. Als die Urlaubszeit wieder einmal näher rückt, beschließen sie, etwas zu tun, und fragen ihren Bekannten Klaus, ob er ihnen nicht helfen könne.

Er kann ihr Problem lösen, indem er ihnen vorschlägt, einfach über das Telefon Skat zu spielen. Die drei Skatbrüder zweifeln nach diesem Vorschlag zunächst an den geistigen Fähigkeiten ihres Freundes, lassen sich die Idee aber trotzdem erklären.

In den meisten Kartenspielen (Abb. 5.6) werden die Karten zunächst gemischt und dann verdeckt an die Spieler ausgegeben. Diese können dann weitere Karten von dem verdeckten Stapel nehmen oder ihre eigenen Karten ausspielen.

Will man ein solches Spiel elektronisch, etwa über Telefon spielen, so ergeben sich einige Probleme. Da die Karten verdeckt ausgeteilt werden sollen, müssen die Kartenwerte vor dem Austeilen verschlüsselt werden. Wenn ein Spieler das Austeilen und Verschlüsseln der Karten alleine übernimmt,

Abb. 5.6 Spielkarten

indem er z. B. die öffentlichen Schlüssel seiner Mitspieler benutzt, so kann er gezielt Karten an sich und seine Freunde verteilen. Das Verschlüsseln und Verteilen der Karten muss also von mehreren Personen durchgeführt werden.

Die Lösung dieses Problems beruht auf einer Idee, die zuerst von Shamir, Rivest und Adleman [SRA79] für elektronisches Pokern formuliert wurde und die Shamirs No-Key-Algorithmus benutzt.

Der Einfachheit halber beschränken wir uns hier auf drei Spieler A, B und C. Sie haben sich auf eine große Primzahl p geeinigt und berechnen jeweils Zahlen a, a', b, b' und c, c' mit

$$aa' \equiv bb' \equiv cc' \equiv 1 \pmod{p - 1}.$$

Die n Karten des Spiels werden als Paare (i, x_i) dargestellt, wobei die Zahl $i \in \{1, \ldots, n\}$ die Lage der Karte im Stapel angibt und x_i ihren Wert (also vielleicht Herz As) repräsentiert. Wir wählen hier $n = 32$, um allzu viele Unbekannte in der Beschreibung des Protokolls zu vermeiden.

5.3.1 Mischen der Karten

Um zu verhindern, dass zwei Spieler sich gegen den dritten verbünden, lassen wir alle Spieler am Mischen und „Verdecken" der Karten teilnehmen. Sei

$$K = \{(1, x_1), \ldots, (32, x_{32})\}$$

das Kartenspiel. A beginnt mit dem Mischen, indem er eine Permutation α der Menge $\{1, \ldots, 32\}$ wählt und

$$K' = \{(\alpha(1), x_1^a \bmod p), \ldots, (\alpha(32), x_{32}^a \bmod p)\}$$

berechnet. Die Karten werden dann nach ihrer ersten Komponente sortiert, d. h. zuerst kommt die Karte $(1, x_k^a \bmod p)$ mit $k = \alpha^{-1}(1)$, dann $(2, x_n^a \bmod p)$ mit $n = \alpha^{-1}(2)$, … Jetzt ist Spieler B an der Reihe mit einer Permutation β und

$$K'' = \left\{ \left(\beta(\alpha(1)), (x_1^a)^b \bmod p\right), \ldots, \left(\beta(\alpha(32)), (x_{32}^a)^b \bmod p\right) \right\}.$$

Schließlich mischt C mit der Permutation γ, und der Stapel zu Beginn des Spiels ist

$$L = K''' = \left\{ \left(\gamma(\beta(\alpha(1))), \left((x_1^a)^b\right)^c \bmod p\right), \ldots, \left(\gamma(\beta(\alpha(32))), \left((x_{32}^a)^b\right)^c \bmod p\right) \right\}.$$

5.3.2 Austeilen der Karten

Der gemischte und verdeckte Stapel L ist die Grundlage der folgenden Operationen.

Sollen die Karten an die Spieler verteilt werden, so muss die Verschlüsselung rückgängig gemacht werden. Dies geschieht schrittweise:

Spieler A nimmt die oberste Karte $(1, x_i^{abc} \bmod p)$, die für C bestimmt ist. Dabei ist i die Zahl, für die $\gamma(\beta(\alpha(i))) = 1$ ist. Er berechnet

$$\left(x_i^{abc}\right)^{a'} \equiv x_i^{bc} \,(\bmod\ p)$$

und gibt $(1, x_i^{bc} \bmod p)$ an B weiter. Dieser entfernt nun seine Verschlüsselung, indem er

$$\left(x_i^{bc}\right)^{b'} \equiv x_i^{c} \,(\bmod\ p)$$

berechnet. Spieler C erhält schließlich die Karte $(1, x_i^c \bmod p)$ und kann als einziger den Wert

$$x_i \equiv \left(x_i^{c}\right)^{c'} (\bmod\ p)$$

dieser Karte einsehen.

In entsprechender Weise durchlaufen die Karten für B den Weg C-A-B und die Karten für A den Weg B-C-A.

5.3.3 Spielverlauf

Jeder Spieler kann nun seine Karten ausspielen. Am Ende jeder Runde kontrollieren die Spieler, ob wirklich nur die an die Spieler ausgegebenen Karten von diesen ausgespielt wurden, indem sie die Zahlen a, a', b, b', c, c' und die Permutationen α, β, γ bekannt geben.

5.3.4 Poker

Besondere Aufmerksamkeit hat in der Literatur das Pokern erfahren. Bei diesem Spiel tritt das spezielle Problem auf, dass die einzelnen Runden nicht unabhängig voneinander sind, sondern dass ein Spieler eine Strategie

(z. B. Bluffen) über einen längeren Zeitraum hinweg verfolgen kann. Ein Aufdecken der Karten am Ende jeder Runde würde eine solche Strategie unmöglich machen.

Eine Lösung dieses Problems stammt von Crepeau [Cre86]. Er beschreibt, wie man ein „elektronisches Pokerface" aufrechterhalten kann.

5.4   Secure Circuit Evaluation

Stellen wir uns vor, ein Steuerberater hätte einen Algorithmus zur Optimierung von Steuererklärungen entworfen. Er möchte diesen Algorithmus gern geheim halten, um sich selbst und seinen Beruf nicht überflüssig zu machen. Normalerweise nimmt er die Einkommensdaten seiner Kunden mit nach Hause, um sie dann hinter verschlossenen Türen in seinen Computer einzutippen. Am nächsten Tag erhält der Kunde dann das Ergebnis.

Das Renommee des Steuerberaters (und sein Einkommen) wächst ins Unermessliche, und so ist es kein Wunder, dass eines Tages die Mafia vor seiner Tür steht. Diese Organisation möchte ebenfalls Steuern sparen, aber natürlich wird sie ihre Geldquellen oder die Höhe der Einnahmen nicht preisgeben. Sie verlangt ultimativ die Herausgabe des Algorithmus.

Der Steuerberater gerät ins Schwitzen: Es ist nicht ratsam, sich zu weigern – aber wenn der Algorithmus bekannt würde, wäre er ohne Einkommen! Da erinnert er sich an einen Artikel von M. Abadi und J. Feigenbaum [AF90]. Darin wurde beschrieben wie zwei Parteien, von denen eine im Besitz eines Algorithmus und die andere im Besitz der Daten ist, zusammen ein Ergebnis berechnen, und zwar in einer Art und Weise, dass sowohl der Algorithmus als auch die Daten geheim blieben!

Das ist die Rettung. Sofort macht er sich an die Arbeit und versucht, den misstrauischen Mafiosi die dazu nötigen kryptographischen Ideen zu erklären.

Das „sichere Auswerten einer Funktion" („secure circuit evaluation") ist ein komplexes kryptographisches Protokoll mit dem folgenden Ziel: Von zwei Parteien A und B kennt A einen Algorithmus zur Auswertung einer bestimmten Funktion f, während B einen Wert x besitzt und die Funktion an dieser Stelle auswerten möchte. Beide können zusammen den Wert f(x) berechnen; dabei soll B nichts über die Funktion f erfahren (außer denjenigen Informationen, die sich aus f(x) ergeben) und A keinerlei Informationen über x erhalten.

Um das von Abadi und Feigenbaum vorgeschlagene Protokoll anwenden zu können, muss die Funktion f in einer bestimmten Form gegeben sein, nämlich als boolescher Schaltkreis (Abb. 5.7).

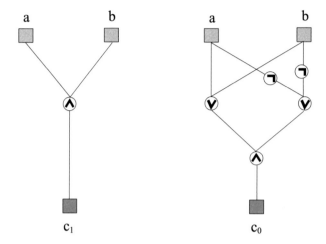

Abb. 5.7 Darstellung einer Funktion als boolescher Schaltkreis. Der oben dargestellte boolesche Schaltkreis berechnet eine Zwei-Bit-Zahl $c_1 c_0$, die die Summe zweier Ein-Bit-Zahlen a und b ist. Für jedes Bit des Ergebnisses ist ein eigener Schaltkreis angegeben, man könnte aber auch beide Schaltkreise zu einem zusammenfassen

Für Argumente fester Länge kann man jede Funktion als booleschen Schaltkreis darstellen. Man benötigt dazu die drei logischen Grundfunktionen $\land$ („und"), $\lor$ („oder") sowie $\neg$ („nicht"), die durch die folgenden „Wahrheitstafeln" definiert sind.

a	b	a $\land$ b
1	1	1
1	0	0
0	1	0
0	0	0

a	b	a $\lor$ b
1	1	1
1	0	1
0	1	1
0	0	0

a	$\neg$a
1	0
0	1

Für das weiter unten beschriebene Protokoll können wir uns zunutze machen, dass man sogar auf die „oder"-Funktion verzichten kann, da

$$a \vee b = \neg(\neg a \wedge \neg b)$$

gilt.

Wir wollen jetzt voraussetzen, dass die Funktion f in Form von booleschen Schaltkreisen vorliegt, von denen jeder ein Bit des Ergebnisses liefert. Die Umwandlung von f in diese Form war die Aufgabe von A.

Nun ist B an der Reihe. Er muss x in binärer Schreibweise als $x = b_n$, …, b_2, b_1 darstellen und dann die Bits in irgendeiner Form A zugänglich machen. Die Bits können nicht im Klartext an A weitergegeben werden, da B seinen Wert ja geheim halten möchte. Er muss sie also *verschlüsseln,* und er muss dies so tun, dass man mit den verschlüsselten Daten noch rechnen kann.

5.4.1 Verschlüsselung der Bits

Zur Verschlüsselung der Bits verwendet B das in Abschn. 2.6 beschriebene Bit-Commitment-Verfahren auf Basis der Quadratische-Reste-Annahme (siehe Abschn. 8.3). Da die algebraischen Eigenschaften dieses Verfahrens für das hier zu beschreibende Protokoll von grundlegender Bedeutung sind, wollen wir es hier noch einmal genau beschreiben:

B wählt zwei Primzahlen p und q mit den zusätzlichen Eigenschaften p mod 4 = 3 und q mod 4 = 3 und bildet n = pq. In diesem Fall hat die Zahl − 1 (= n − 1) das Jacobisymbol + 1 und ist kein quadratischer Rest modulo n.

B kann nun sein Bit b wie folgt verschlüsseln: Er wählt zufällig eine Zahl k und quadriert diese modulo n. Ist b = 0, so gibt er diese Zahl an A weiter. Ist b = 1, so multipliziert er k^2 noch mit − 1. Die Formel für diese Verschlüsselungsoperation E ist also

$$E(b) := (-1)^b k^2 \bmod n.$$

Kurz gesagt bedeutet dies: Bits mit dem Wert 0 werden als quadratische Reste, Bits mit dem Wert 1 als quadratische Nichtreste mit Jacobisymbol + 1 verschlüsselt.

Da B die Faktorisierung von n kennt, kann er diese Verschlüsselung auch rückgängig machen: B kann für jede ihm vorgelegte Zahl c entscheiden, ob sie ein quadratischer Rest ist oder nicht (siehe Abschn. 9.3) und kann daher wie folgt entschlüsseln:

$$D(c) = \begin{cases} 1, \textit{ falls } c \textit{ ein quadratischer Rest ist,} \\ 0 \textit{ sonst.} \end{cases}$$

Die Operationen E und D verhalten sich so, wie man es von einem asymmetrischen Verschlüsselungssystem erwartet: Aus der Kenntnis von E kann man nicht auf D schließen, und es gilt

$$D(E(b)) = b.$$

Der Besitzer des booleschen Schaltkreises A kennt nun die verschlüsselten Werte $E(b_1)$, $E(b_2)$, ..., $E(b_n)$, aber nicht die Werte der Bits b_1, b_2, ..., b_n.

5.4.2 Berechnung von ¬b

Für jede Negation im booleschen Schaltkreis steht A vor der Aufgabe, aus $E(b)$ eine Verschlüsselung $E(\neg b)$ für $\neg b$ zu berechnen, ohne zu wissen, ob $b = 0$ oder $b = 1$ gilt. Er geht wie folgt vor:

Zunächst wählt A eine zufällige Zahl r. Dann ergibt sich die Verschlüsselung von $\neg b$ als

$$E(\neg b) := (-1)r^2 E(b) \bmod n.$$

Wir können die Korrektheit dieser Formel nachprüfen, indem wir die zwei Fälle $b = 0$ und $b = 1$ unterscheiden.

- Ist $b = 0$, so hat die Verschlüsselung dieses Bits die Form $E(b) = k^2 \bmod n$; $E(b)$ ist ein quadratischer Rest. Wenden wir die obige Formel an, so erhalten wir

$$E(\neg b) = (-1)r^2 E(b) \bmod n = (-1)r^2 k^2 \bmod n = (-1)(rk)^2 \bmod n,$$

also einen quadratischen Nichtrest.
- Ist $b = 1$, so ist $E(b)$ ein quadratischer Nichtrest; mit obiger Formel ergibt sich

$$E(\neg b) = (-1)r^2 E(b) \bmod n = (-1)r^2(-1)k^2 \bmod n$$
$$= (-1)^2(rk)^2 \bmod n = (rk)^2 \bmod n,$$

also ein quadratischer Rest.

Durch Multiplikation mit − 1 kann A verschlüsselte Bits invertieren, weil durch diese Operation quadratische Reste und Nichtreste vertauscht werden. Die Zufallszahl r hat in diesem Zusammenhang eine andere Aufgabe: Sie soll B gegenüber verschleiern, welche Bits invertiert wurden. Würde keine Verschleierung der Identität der Bits erfolgen, so könnte B den Weg seiner Bits durch den booleschen Schaltkreis mitverfolgen und würde so Informationen über den Algorithmus von A erhalten.

5.4.3 Berechnung von b ∧ b′

Um den Wert E(b ∧ b′) aus E(b) und E(b′) zu berechnen, benötigt A die Hilfe von B. (Es ist ein offenes Problem, ob es auch Systeme gibt, in denen A dies allein kann.) Während B bei dieser Aufgabe A behilflich ist, soll er möglichst wenig über den booleschen Schaltkreis lernen: Er soll nach der Berechnung nicht wissen, welche Bits mit ∧ verknüpft wurden, und auch nicht, welche Werte diese Bits haben. A muss also sowohl die Identität als auch den Wert der Bits b und b′ verschleiern, bevor sie diese zur Berechnung von b∧b′ an B schickt.

A wählt dazu zwei zufällige Bits c und c′ sowie zwei Zufallszahlen r und r′. Dann berechnet sie die Werte

$$E(d) = (-1)^c \cdot r^2 E(b) \bmod n \quad und \quad E(d') = (-1)^{c'} \cdot r'^2 E(b') \bmod n$$

und sendet diese an B. Dabei sind d und d′ Bits mit

$$d = \begin{cases} b, & falls\ c = 0 \\ \neg b, & falls\ c = 1 \end{cases} \quad und \quad d' = \begin{cases} b', & falls\ c' = 0 \\ \neg b', & falls\ c' = 1. \end{cases}$$

Da B die Faktorisierung von n kennt, kann er die Werte D(E(d))=d und D(E(d′))=d′ entschlüsseln. Es genügt nun aber nicht, nur die Zahl E(d∧d′) zurückzusenden, denn A kann daraus nicht auf E(b ∧ b′) schließen. B muss etwas mehr tun: Er sendet vier Werte in einer festen Reihenfolge zurück, und A wählt in Abhängigkeit von c und c′ denjenigen aus, der E(b ∧ b′) entspricht.

Gesendeter Wert	Entspricht E(b ∧ b′) falls
E(d ∧d′)	c=0 und c′=0
E(d ∧ d′)	c=0 und c′=1
E(¬d ∧ d′)	c=1 und c′=0
E(¬d ∧ ¬d′)	c=1 und c′=1

5.4.4 Auswertung der Funktion

Auf diese Art und Weise berechnen A und B gemeinsam aus den verschlüsselten Eingabewerten $E(b_1)$, ..., $E(b_n)$ einen verschlüsselten Ausgabewert $E(a_i)$, indem sie den booleschen Schaltkreis auswerten, der zum i-ten Bit der Ausgabe der Funktion f gehört. B kann dann das Endergebnis $f(x) = a_m ... a_1$ aus $E(a_m)$, ..., $E(a_1)$ entschlüsseln.

Anmerkung: Ein aufmerksamer Leser hat zwei Angriffe auf dieses (vereinfacht dargestellte) Schema gefunden, und zwar (a) durch Senden eines Teilers des Modulus n anstelle eines verschlüsselten Bits, oder (b) durch Wählen von n als Produkt verschiedener kleiner Primzahlen kongruent 3 modulo 4. Dies müsste im vollständigen Protokoll durch entsprechende Überprüfungen abgefangen werden.

5.5 Wie kann man sich vor einem allwissenden Orakel schützen?

Wir betrachten nun eine Variante des im vorigen Abschnitt gestellten Problems: Sie benötigen zur Berechnung Ihrer immer komplexer werdenden Steuererklärung die Hilfe eines unbegrenzt leistungsfähigen Hochleistungsrechners, am besten eines „Orakels ". Sie möchten allerdings verhindern, dass dem Orakel Ihre privaten Eingaben oder das Ergebnis dieser Berechnungen bekannt werden („hiding information"). Da es für diesen fiktiven Hochleistungsrechner kein Problem ist, große Zahlen zu faktorisieren, nutzt es Ihnen nichts, Ihre Daten mit den im vorhergehenden Abschnitt beschriebenen Methoden zu verschlüsseln. Die Frage lautet also: *Kann man die Daten so verschlüsseln, dass kein Rechner (egal wie leistungsfähig er ist) sie entschlüsseln kann, und trotzdem mit ihnen rechnen?*

Die hier geschilderte Situation ist eine Variante des Secure-Circuit-Evaluation-Problems: Sie stehen einem übermächtigen Partner gegenüber, der vor Ihnen allerdings keine Geheimnisse hat. Das Problem wurde in [AFK89] beschrieben und theoretisch erörtert. Wir begnügen uns hier mit einem Beispiel.

Ein Benutzer B möchte ein Orakel O dazu benutzen, den ihm unbekannten diskreten Logarithmus x eines Elements $h = g^x$ aus der Gruppe G zu berechnen. B möchte außerdem diesen Wert vor O geheim halten. Wie kann er das, wo doch ein Orakel per Definition alles berechnen kann, was berechenbar ist? Abb. 5.8 gibt die Antwort.

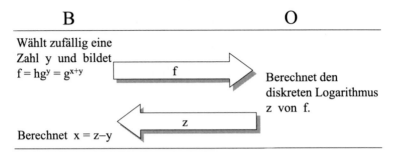

Abb. 5.8 Berechnung des diskreten Logarithmus mit Hilfe eines Orakels

Das Orakel O kann zwar alles berechnen, aber wenn B die Zahl y wirklich zufällig gewählt hat, dann kann O diese Zahl nicht bestimmen. O weiß also nicht, welche Zahl es von z subtrahieren müsste, um x zu erhalten, und kann deshalb nicht einmal diese einfache Rechnung durchführen: Bs Geheimnis ist gewahrt.

Auch für dieses Protokoll kann man ein Beispiel aus dem täglichen Leben finden: Eine Dame misstraut ihrer eigenen Waage und möchte sich deshalb in der Praxis ihres Hausarztes wiegen lassen, allerdings so, dass niemand außer ihr das tatsächliche Gewicht erfährt. Sie packt dazu ein geeichtes Gewicht von y kg in ihre Handtasche, und um den korrekten Wert x aus dem in der Arztpraxis ermittelten Gewicht z zu bestimmen, muss sie von diesem nur y subtrahieren.

5.6 Homomorphe Verschlüsselung

Wir leben in einer Welt des verteilten Rechnens und der heterogenen Vernetzung mit vielen Ausprägungen und Anwendungen. Insbesondere ist das Cloud Computing, also das Speichern und Verarbeiten von Daten in nicht eigenen Computern zum Standard des Outsourcings geworden. Da es sich bei diesen Anwendungen in vielen Fällen auch um vertrauenswürdige Daten handelt, ist deren Schutz essenziell, auch und obwohl sich diese in fremden Umgebungen und nicht unter eigene Kontrolle befinden. Insofern wäre es sehr von Vorteil, wenn die in die Cloud verlagerten Daten und Prozesse dort zwar auftragsgemäß verarbeitet würden, aber zusätzlich nur verschlüsselt erscheinen und damit dem Cloud-Betreiber verborgen bleiben. Zur Lösung dieses Problems setzt man die Idee der homomorphen Verschlüsselung ein, die 1982 von Shafrira Goldwasser und Silvio Micali erstmals formuliert wurde.

Das Goldwasser-Micali- Kryptosystem ist ein asymmetrisches Krypto-system, mit dem einzelne Bits verschlüsselt werden. Die dazu nötige Mathematik ist in Abschn. 9.3 erklärt und beruht auf der Quadratischen-Reste-Annahme. Wir schauen uns dazu noch einmal die Definition des Jacobisymbols $(x|n)$ für $n = pq$ an.:

$$(x|n) = (x|p) \cdot (x|q)$$

Das Jacobi-Symbol kann auch ohne Kenntnis von p und q mit den in Abschn. 9.3 genannten Rechenregeln leicht berechnet werden. Wenn nun $(x|n) = -1$, dann ist x ein quadratischer Nichtrest. Wenn aber $(x|n) = +1 = (+1) \cdot (+1) = (-1) \cdot (-1)$, dann sagt das noch nichts darüber aus, ob $(x|n)$ ein quadratischer Rest oder Nichtrest ist Dies ist nach der Quadratischen-Reste-Annahme nicht entscheidbar. x ist genau dann quadratischer Rest mod n, wenn x quadratischer Rest mod p und mod q ist. Und dies ist genau dann der Fall, wenn $x^{\frac{p-1}{2}} = 1 \mod p$ und $x^{\frac{q-1}{2}} = 1 \mod q$ (Euler Kriterium) Wir setzen nun x = c und betrachten die Beziehung

$$c = y^m u^2 \mod n$$

Dazu wählt man y und u aus $\mathbb{Z}_n^*$, d. h, sie sind teilerfremd zu n. Zusätzlich soll y ein quadratischer Nichtrest mod n sein mit Jacobi-Symbol $(y|n) = +1$. Man prüft dazu, ob das Legendre-Symbol $(y|p) = (y|q) = -1$. Wir wählen nun m = 1 oder m = 0. Für m = 1 ist dann c ein quadratischer Nichtrest, für m = 0 ist c ein quadratischer Rest. Wenn man aber nur c kennt, kann das nach der Quadratischen Resteannahme nicht entschieden werden.

Nun können wir diese Beziehungen zu einem Public-Key-Kryptover-fahren zusammensetzten.

Der öffentliche Schlüssel ist (n,y), der private Schlüssel ist (p,q).

Der Sender B möchte dem Empfänger A eine verschlüsselte Nachricht schicken. In diesem Fall entweder m = 1 oder m = 0 senden. Dazu wählt er ein zufälliges $u \in \mathbb{Z}_n^*$ und bildet

$$c = y^m u^2 \mod n$$

Der Empfänger A prüft mit p und q, ob c ein quadratischer Rest oder Nichtrest ist:

Gilt $c^{\frac{p-1}{2}} = 1 \mod p$ und $c^{\frac{q-1}{2}} = 1 \mod q$, dann ist c ein quadratischer Rest, also muss m = 0 sein.

Andernfalls ist m = 1.

Homomorphieeigenschaft des Goldwasser-Micali-Kryptosystems

Wir vertauschen nun die Rollen von Sender und Empfänger und nehmen an, dass nicht der Empfänger, sondern der Sender im Besitz von p und q ist. Damit kann er Chiffretexte erzeugen, dem Empfänger schicken, der diese aber diesmal nicht dechiffrieren kann. Dafür soll der Empfänger die Chiffretexte ‚verarbeiten', z. B. multiplizieren. In dieser Anwendung ist das Goldwasser-Micali-Kryptosystem additiv-homomorph. Das bedeutet, dass durch die Multiplikation zweier Chiffretexte die darin enthaltenen Klartexte modulo 2 addiert werden:

$$c_1 = y^{m1}\, u_1^2 \ \text{mod n.}$$

$$c_2 = y^{m2}\, u_2^2 \ \text{mod n.}$$

$$c_1 c_2 = y^{m_1 \oplus m_2}\, u_1^2\, u_2^2 \ \text{mod n.}$$

Der Empfänger sendet nach der Operation das Ergebnis $c_1 \cdot c_2$ an den Sender zurück. Dieser "dechiffriert" das Ergebnis in folgendem Sinn: Er kann mit p und q entscheiden, ob $m_1 \oplus m_2 = 0$ ist (also $c_1 c_2$ ist quadratischer Rest) oder $m_1 \oplus m_2 = 1$ (also $c_1 c_2$ ist quadratischer Nichtrest).

Das ist natürlich ein großer Aufwand, nur um eine denkbar einfache Operation durchzuführen. Das Besondere dabei ist aber, dass der Empfänger – also z. B. der Cloud-Dienste Anbieter – eine Operation auf Chiffretexten ohne semantische Bedeutung vornimmt und der Empfänger die Ergebnisse trotzdem semantisch interpretieren kann.

Homomorphieeigenschaft der RSA und ElGamal Kryptosysteme

Wir übertragen nun diese Idee auf das RSA-Verfahren oder ElGamal Kryptosystem und stellen fest, dass diese Verfahren nicht additiv-homomorph, sondern multiplikativ homomorph sind.

Beim RSA-Verfahren seien e der öffentliche Schlüssel mit Modulus n und mehrere Klartexte m_i und zugehörige Chiffretexte c_i gegeben:

$$c_i = m_i^e \ \text{mod } n$$

Dann gilt wegen der multiplikativen Eigenschaft der Modulooperation

$$\prod c_i = \left(\prod m_i\right)^e \text{mod } n$$

Das Produkt der Chiffretexte und die Chiffre des Produkts der Klartexte sind gleich. Der Empfänger, also z. B. die Cloud, multipliziert die Chiffretexte und damit auch implizit die ihm verborgenen Klartexte. Der Sender erhält vom Empfänger das Gesamtergebnis, dechiffriert dieses und erhält damit das Produkt der Klartexte.

Verallgemeinerung der Operationen

Bisher haben wir Systeme gefunden, die entweder additiv oder multiplikativ homomorph sind, aber nicht beides zugleich. Wenn man bedenkt, dass bei der Verarbeitung von Daten noch weitere Operationen vonnöten sind (z. B. Dividieren oder Wurzelziehen), dann sind die bisher geschilderten Systeme in der Praxis kaum anwendbar. Wir suchen also ein Verfahren, das beliebige Operationen auf verschlüsselten Daten so ausführen kann, als ob diese gar nicht verschlüsselt wären.

Allerdings haben solche Verfahren den Nachteil, dass die Chiffretexte fehlerbehaftet sind. Wenn die Fehler ein bestimmtes Toleranzmaß N übersteigen, dann muss die Verschlüsselungsoperation wiederholt werden. Wenn zwei Chiffretexte die Fehlergröße $n > \sqrt{N}$ haben, dann wird bei deren Multiplikation die Fehlertoleranz N überschritten. Im Jahr 2009 hat der IBM Forscher Craig Gentry in seiner Dissertation ein Verfahren vorgestellt, das diese Fehlerbehaftung der Daten in den Griff bekommt. Die Idee dahinter ist, dass vor jeder Rechenoperation die Chiffretexte mit geringeren Fehlern neu berechnet werden. Wenn diese Fehler klein genug sind, also $n < \sqrt{N}$, dann wird die anschließende Operation als gut genug akzeptiert.

Literatur

[AF90]   Abadi, M., Feigenbaum, J.: Secure Circuit Evaluation. J. Cryptology **2**, 1–12 (1990)

[AFK89]   Abadi, M., Feigenbaum, J., Kilian, J.: On Hiding Information from an Oracle. JCSS **39**, 21–50 (1989)

[BR92]   Beutelspacher, A., Rosenbaum, U.: Projektive Geometrie, 2. Verlag Vieweg, Aufl (2004)

[Cre86]   Crepeau, C.: A zero-knowledge Poker protocol that achieves confidentiality of the players' strategy or How to achieve an electronic Poker face. Proc. CRYPTO '86, A. M. Odlyzko (ed.), Springer LNCS 263, 239–247

[Ker92]   Kersten, A.G.: Shared Secret Schemes aus Geometrischer Sicht. Mitt. aus dem Math. Sem. Gießen (208) (1992)

[Sal90]   Salomaa, A.: Public-Key Cryptography. Springer Verlag, Berlin Heidelberg (1990)

[Sha79]   Shamir, A.: How to Share a Secret. Comm. ACM **24**(11), 612–613 (1979)

[SRA79]   Shamir, A., Rivest, R.L., Adleman, L.M.: Mental Poker. Technical report MIT/LCS/TM-125, 1979

6

Anonymität

Üblicherweise assoziiert man mit „Geheimhaltung" die Geheimhaltung von Nachrichten. In vielen Situationen ist aber auch gewünscht, dass die am Nachrichtenaustausch beteiligten Instanzen geheim bleiben. In diesem Fall spricht man von **Anonymität.**

Man kann drei Arten von Anonymität unterscheiden:

- Anonymität des Senders,
- Anonymität des Empfängers und
- Anonymität der Kommunikationsbeziehung.

Im letzten Fall sollen Sender und Empfänger voreinander und vor anderen verborgen bleiben. Die Anonymität des Empfängers kann relativ einfach durch „Broadcasting" erreicht werden; dabei wird die Nachricht an alle Instanzen gesendet, obwohl sie nur für eine bestimmt ist. Wir beschäftigen uns hier hauptsächlich mit der Senderanonymität; einige der vorgestellten Mechanismen gewährleisten aber auch die Anonymität der Kommunikationsbeziehung.

6.1 Das Dining-Cryptographers-Protokoll

Das Dining-Cryptographers-Protokoll ist ein Verfahren zur Senderanonymität. Der Name leitet sich von einem Beispiel (Abb. 6.1) ab, das D. Chaum [Cha88] als Motivation gewählt hat:

© Der/die Autor(en), exklusiv lizenziert an Springer-Verlag GmbH, DE, ein Teil von Springer Nature 2022
A. Beutelspacher et al., *Moderne Verfahren der Kryptographie,*
https://doi.org/10.1007/978-3-662-65718-8_6

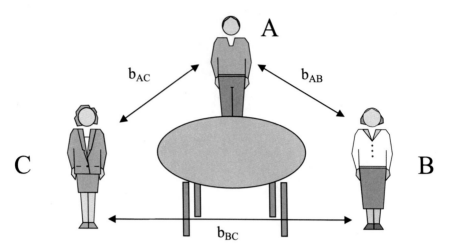

Abb. 6.1 Die dinierenden Kryptographen beim Lösen ihres Problems

Drei Kryptographen A, B und C gehen gemeinsam zum Essen in ihr bevorzugtes 3-Sterne-Restaurant. Nach dem Essen teilt ihnen der Inhaber des Restaurants mit, dass ein Arrangement getroffen wurde, das Essen anonym zu bezahlen, und zwar so, dass entweder einer der Krypto-logen oder ihr Arbeitgeber, das BSI (Bundesamt für Sicherheit in der Informationstechnik), die Rechnung begleicht. Jeder der drei respektiert den Wunsch des Kollegen, anonym zu bleiben, doch falls das BSI zahlt, würden sie das gerne wissen.

Um ihr Problem zu lösen, müssen sie einige Vorbereitungen treffen. Jeder vereinbart mit seinem Nachbarn ein geheimes Bit. Das heißt, A und B haben sich ein geheimes Bit b_{AB} zugeflüstert, ebenso A und C bzw. B und C ein Bit b_{AC} bzw. b_{BC}.

Diejenigen Kryptographen, die nicht bezahlen, addieren die beiden ihnen bekannten geheimen Bits modulo 2 und schreiben das Ergebnis auf ihre Serviette. Wenn z. B. A nicht bezahlt, so schreibt sie das Bit

$$b_{AB} + b_{AC} \bmod 2$$

auf ihre Serviette.

Ist ein Kryptograph dagegen bereit zu zahlen, so addiert er ebenfalls die beiden ihm bekannten Bits, fügt zu der Summe allerdings noch 1 hinzu, bevor er modulo 2 reduziert. Dann schreibt er das Ergebnis auf seine Serviette. Wenn also z. B. C zahlen möchte, schreibt er das Bit

$$b_{AC} + b_{BC} + 1 \bmod 2$$

auf.

Kann man anhand der drei aufgeschriebenen Bits erkennen, ob einer der Kryptologen bezahlt? Kann man erkennen, wer bezahlt?

Um herauszubekommen, ob einer von ihnen bezahlt, addieren sie die drei Bits, wiederum modulo 2. Wenn keiner von ihnen zahlt, so erhalten sie

$$(b_{AB} + b_{AC}) + (b_{AB} + b_{BC}) + (b_{AC} + b_{BC}) \bmod 2 = 0,$$

da jedes Bit genau zweimal auftritt und sich deshalb modulo 2 selbst aufhebt.

Andernfalls, zum Beispiel wenn C bezahlt, summieren sie

$$(b_{AB} + b_{AC}) + (b_{AB} + b_{BC}) + (b_{AC} + b_{BC} + 1) \bmod 2 = 1,$$

und erhalten als Ergebnis den Wert 1, wissen also, dass einer von ihnen zahlt. Sie können aber nicht herausfinden, wer bezahlt: Für A sind die Möglichkeiten

$$(b_{AB} + b_{AC}) + (b_{AB} + b_{BC}) + (b_{AC} + b_{BC} + 1) \bmod 2 = 1 \; und$$

$$(b_{AB} + b_{AC}) + (b_{AB} + b_{BC} + 1) + (b_{AC} + b_{BC}) \bmod 2 = 1,$$

nicht unterscheidbar, also kann A auch nicht feststellen, ob B oder C bezahlt haben. Entsprechendes gilt für B.

In diesem Beispiel können Probleme auftreten, wenn der Inhaber des Restaurants nicht ehrlich ist: Er könnte von allen drei Kryptologen das Geld für das Essen annehmen, und diese würden es nicht merken, da ihre Berechnung ebenfalls 1 ergeben würde:

$$(b_{AB} + b_{AC} + 1) + (b_{AB} + b_{BC} + 1)$$
$$+ (b_{AC} + b_{BC} + 1) \bmod 2 = 1.$$

Dagegen würden sie sofort bemerken, wenn genau zwei Personen bezahlen möchten: Diese würden das Ergebnis 1 erwarten, heraus kommt bei dem Test aber 0.

6.1.1 Anonymes Senden von Nachrichten in einem DC-Netz

Im oben beschriebenen Beispiel kann einer der Kryptographen eine 1-Bit-Nachricht anonym an alle senden. Man kann dieses Verfahren so modifizieren, dass auch längere Nachrichten anonym gesendet werden können. Dazu vereinbaren die Kryptologen mit ihren jeweiligen Nachbarn nicht wie oben nur ein Bit, sondern eine Folge von n Bits. Jeder Teilnehmer an dieser Kommunikation kann eine Nachricht $m = b_1...b_n$ an alle senden, indem er die beiden ihm bekannten n-Bit-Schlüssel und m bitweise modulo 2 addiert – diese Art der Verknüpfung wird in der Informatik als *exklusives Oder* (eXclusive OR, XOR) bezeichnet – während alle anderen Teilnehmer nur ihre Schlüssel XOR-verknüpfen. Wenn also A eine Nachricht m anonym senden möchte, so sendet A den Wert

$$k_{AB} \ XOR \ k_{AC} \ XOR \ m$$

B und C dagegen senden

$$k_{BC} \ XOR \ k_{AB}$$

bzw.

$$k_{BC} \ XOR \ k_{AC}$$

Alle drei Werte werden dann wiederum XOR-verknüpft, um die Nachricht zu entschlüsseln:

$$(k_{AB} \ XOR \ k_{AC} \ XOR \ m) \ XOR \ (k_{BC} \ XOR \ k_{AB})$$
$$XOR \ (k_{BC} \ XOR \ k_{AC} \ XOR \ m) \ = \ m$$

Für einen Außenstehenden sowie für B und C ist es nicht ersichtlich, wer von den drei Kryptographen die Nachricht gesendet hat.

Nach jeder Runde müssen neue Schlüssel zwischen den Teilnehmern vereinbart werden. Dieses Protokoll wird regelmäßig durchgeführt, da sonst ein Teilnehmer signalisieren müsste, dass er senden will, was der Idee der Senderanonymität ja zuwiderläuft. Ein Kompromiss wäre, das Signalisieren eines Sendewunsches mit dem 1-Bit-Protokoll zu realisieren, und bei Auftreten einer 1 in diesem Protokoll ins n-Bit-Protokoll umzuschalten.

Probleme treten dann auf, wenn zwei oder mehr Teilnehmer gleichzeitig eine Nachricht senden wollen. Die Nachrichten m_1 und m_2 würden sich dann zu einer unsinnigen Nachricht $m_1 \ XOR \ m_2$ überlagern, die aber nicht ohne weiteres als unsinnig erkannt würde. Eine solche Kollision kann bemerkt werden, wenn die Nachrichten ein bestimmtes Redundanzschema besitzen, was bei der Überlagerung von Nachrichten zerstört wird (ein Paritätsbit würde also z. B. nichts nützen). Tritt eine Kollision auf, so kann sie dadurch gelöst werden, dass die beiden Teilnehmer eine zufällige Zeitspanne warten, bevor sie erneut senden, und so die Wahrscheinlichkeit einer erneuten Kollusion minimieren.

Man kann dieses Protokoll auch ohne weiteres auf mehr als drei Teilnehmer erweitern. Man erhält dadurch eine große Anzahl von Möglichkeiten festzulegen, welche Teilnehmer Schlüssel miteinander austauschen sollen. In [Cha88] werden solche allgemeinen **DC-Netze** (nach den „Dining Cryptographers") graphentheoretisch beschrieben und ihre Sicherheit untersucht. Da solche Überlegungen den Rahmen dieses Buches sprengen würden, verweisen wir den interessierten Leser auf den angegebenen Artikel (vgl. auch [Ste90]).

6.2 MIXe

Das im Folgenden geschilderte, von D. Chaum 1981 entwickelte Verfahren [Cha81] zielt darauf ab, allein die Kommunikations*beziehung* zwischen Sender und Empfänger zu verdecken, nicht jedoch deren (Sende-) bzw. (Empfangs-)Aktivitäten. Dieses Modell gewährleistet die Anonymität der Verbindung zwischen Sender und Empfänger nicht nur gegen externe Angriffe wie z. B. Abhören des Netzes, sondern sogar gegenüber dem Kommunikationsvermittler.

Die Nachrichten werden in diesem Modell durch mehrere Zwischenstationen, die MIXe, geschickt (Abb. 6.2). Sender und MIXe benutzen dabei Transformationen eines Public-Key-Verschlüsselungssystems.

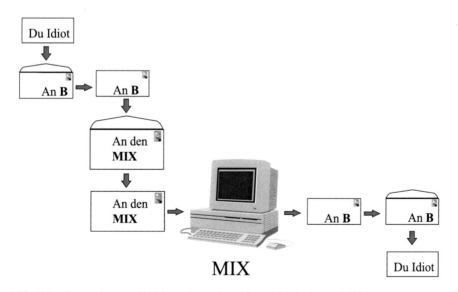

Abb. 6.2 Auspacken und Weiterleiten einer Nachricht in einem MIX-Netz

Die Funktionalität eines solchen Systems setzt sich aus zwei Grundfunktionen zusammen:

- *Auspacken und Weiterschicken*: Die Nachricht wird zusammen mit der Zieladresse verschlüsselt an einen MIX geschickt. Dieser entschlüsselt sie und leitet sie weiter.
- *Mischen*: Der MIX sendet die entschlüsselten Nachrichten in einer anderen Reihenfolge als sie eingegangen sind.

Wir stellen ein Beispiel mit zwei MIXen, MIX_1 und MIX_2, ausführlich dar. Dem ganzen liegt ein asymmetrisches Verschlüsselungsverfahren zugrunde (etwa RSA), und zwar werden Nachrichten, die an den MIX_i geschickt werden, mit der öffentlichen Funktion $E_i(\ )$ verschlüsselt; dieser kann sie dann mit seiner privaten Funktion $D_i(\ )$ entschlüsseln.

Wir nehmen an, dass A_1, A_2 und A_3 jeweils eine der Nachrichten m_1, m_2, m_3 über die MIXe an die Empfänger B_1, B_2 und B_3 schicken wollen.

A_1 verschlüsselt zunächst die Nachricht m_1 und die Adresse B_1 des Empfängers mit $E_2(\ )$. Dem Ergebnis fügt sie die Adresse von MIX_2 hinzu und verschlüsselt das Ganze mit $E_1(\ )$. Diese Nachricht schickt sie an MIX_1. Entsprechend verfahren A_2 und A_3.

Der MIX_1 „packt die empfangenen Nachrichten aus", das heißt, er entschlüsselt sie. Er erhält die Adresse des zweiten MIXes und sendet die Nachrichten $E_2(B_i, m_i)$ in veränderter Reihenfolge an MIX_2.

Dort packt MIX_2 die erhaltenen Nachrichten aus. Er erhält die Nachricht m_i und schickt diese an die Adresse B_i, die er ebenfalls erhalten hat (Abb. 6.3).

Man kann mehr als zwei MIXe verwenden. Dann legt der Sender den Vermittlungsweg durch die MIXe fest und baut seine Nachricht entsprechend auf.

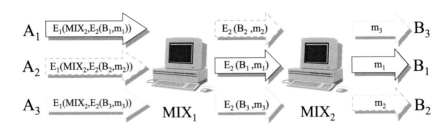

Abb. 6.3 MIXen von Nachrichten

Wenn nur ein MIX vorhanden ist, kann dieser (und nur dieser) die Kommunikationsbeziehungen ermitteln. Sobald aber mindestens zwei nicht zusammenarbeitende MIXe im Spiel sind, kann keine Stelle, auch nicht die einzelnen MIXe, die Kommunikationsbeziehung nachvollziehen.

6.3   Elektronische Münzen

Die wichtigste Form, in der uns Anonymität im täglichen Leben begegnet, ist das Bezahlen mit Münzen. Dieser Vorgang ist so alltäglich, dass uns in der Regel nicht bewusst ist, dass es sich dabei um einen anonymen Vorgang handelt: Im Gegensatz zum Bezahlen mit Kreditkarte kann man an einer Münze nicht erkennen, wer diese vorher ausgegeben hat.

Es stellt sich die Frage, ob dies auch im elektronischen Zahlungsverkehr möglich ist. In der Tat kann man mit Hilfe von *blinden Signaturen* (siehe Abschn. 3.8) „elektronische Münzen" erzeugen, die ein außerordentlich hohes Maß an Anonymität gewährleisten.

Auch im einfachsten Fall sind am Lebenszyklus einer Münze (Abb. 6.4) mindestens drei Instanzen beteiligt: Die **Bank,** welche die Münze herstellt und ausgibt; der **Kunde,** der die Münze von der Bank erhält und diese zum Kauf von Waren oder Dienstleistungen verwendet; und der **Händler,** der die Münze einnimmt und bei der Bank einlöst. Der Einfachheit halber nehmen

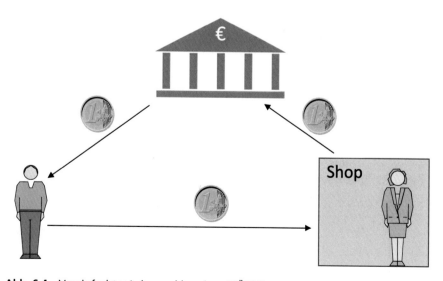

Abb. 6.4 Vereinfachter Lebenszyklus einer MÜNZE

wir an, dass es nur eine Bank gibt; diese gibt Münzen aus und führt die Konten von Kunde und Händler.

Ein Zahlungssystem muss die Sicherheitsbedürfnisse aller Beteiligten befriedigen. Diese sind unter anderem:

- *Zentrale Erzeugung:* Nur die Bank darf in der Lage sein, Münzen herzustellen.
- *Echtheit:* Alle Beteiligten müssen die Echtheit von Münzen überprüfen können.
- *Anonymität:* An der eingelösten Münze darf die Bank nicht erkennen können, an wen sie diese ausgegeben hat. Der Händler muss eine Münze akzeptieren, ohne dass der Kunde sich vorher ausweist.
- *Eindeutigkeit:* Es darf nicht möglich sein, Münzen zu duplizieren, also dieselbe Münze zweimal einzureichen.

Über die Verwendung einer blinden Signatur (Vgl. Abschn. 3.9) hinaus beruht das Grundschema für elektronische Münzen, das zuerst von D. Chaum [Cha85] vorgestellt wurde, auf folgenden Ideen:

- Für jeden Münzwert hat die Bank einen speziellen geheimen RSA-Signaturschlüssel.
- Echte Münzen erkennt man daran, dass sie bei der Überprüfung mit dem entsprechenden öffentlichen Schlüssel einen Wert liefern, der eine genau vorgegebene Struktur hat („Redundanzschema").

Erzeugung einer Münze In dem von Chaum vorgestellten Modell kann die Bank nicht allein anonyme Münzen herstellen, sondern nur zusammen mit einem Kunden.

Stellen wir uns vor, der Kunde möchte eine 2 €-Münze erhalten. Dazu wählt er eine Zahl w, die in das vorher vereinbarte Redundanzschema passt und die kleiner als der Modul des 2 €-RSA-Schlüssels ist. Zum Beispiel kann w aus zwei identischen Hälften v bestehen: Der Kunde wählt $v = 1.234.567$ und bildet $w = 12.345.671.234.567$.

Der Kunde erhält die Münze m, indem er die Zahl w von der Bank blind mit dem geheimen 2 €-Schlüssel signieren lässt.

Ausgeben einer Münze Der Kunde überträgt die Münze an den Händler. Dieser überprüft die Echtheit, indem er den öffentlichen 2 €-Schlüssel anwendet. Er akzeptiert die Münze, wenn das Ergebnis in das bekannte Redundanzschema passt.

Einlösen einer Münze Der Händler überträgt die Münze an die Bank, und diese überprüft die Echtheit so wie vorher der Händler. Die Anonymität ist gewährleistet, da die Münze blind signiert wurde.

Dieses elektronische Zahlungssystem hat, wie viele andere auch, das Problem der Eindeutigkeit im Grunde nicht gelöst. Es gibt eine Reihe von Lösungsvorschlägen kryptographischer und nichtkryptographischer Natur, die das doppelte Ausgeben einer Münze riskant machen. Unter die nichtkryptographischen Lösungsmöglichkeiten fällt dabei der Vorschlag, elektronische Münzen immer sofort online bei der Bank einzulösen, was natürlich für den Händler mit hohen Kosten verbunden sein kann. Eine kryptographische Lösung dieses Problems wird in [CFN88] vorgestellt.

Neuere Untersuchungen zu diesem Thema befassen sich mit der Frage, ob man elektronische Münzen genau wie echtes Geld einfach weitergeben kann, anstatt sie immer gleich wieder bei der Bank einzulösen. Das große Problem scheint dabei zu sein, im Falle des doppelten Ausgebens einer Münze den Schuldigen in der Kette derjenigen zu finden, durch deren Hände die Münze gegangen ist. Eine aktuelle Diskussion dieses Problemkreises findet man in [PSW95].

Elektronische Münzen haben auch negative Aspekte. B. Schneier beschreibt in seinem Buch [Sch06] die aus der Sicht eines Entführers perfekte Lösegeldübergabe: Der Entführer sendet eine Liste von Zahlen an die Polizei und verlangt, dass diese blind signiert werden. Das Ergebnis soll dann in einer bestimmten Zeitung mit hoher Auflage veröffentlicht werden. Nur der Entführer kann mit den in der Zeitung veröffentlichten Zahlen etwas anfangen, da nur er die Zufallszahlen r kennt, die für die blinde Signatur verwendet wurden. Er kauft sich also irgendwo im Land eine Zeitung und kann in aller Seelenruhe beginnen, das Geld auszugeben, da die Bank seine elektronischen Münzen nicht von denen anderer Kunden unterscheiden kann. Für eine ausführliche Diskussion dieser Problematik siehe [Beu15], Kap. 6. Das Thema E-Cash wurde in verschiedenen Aspekten ausgebaut (z. B. [CHL05]), wird aber heute von Kryptowährungen wie Bitcoin und Ethereum überlagert.

6.4 Elektronische Wahlen

Am Abend eines Wahltages sitzen Millionen von Zuschauern vor ihren Fernsehgeräten und warten auf die ersten Hochrechnungen. Diesen liegen statistische Verfahren zugrunde, mit denen man die Wahlergebnisse schnell und in der Regel zuverlässig vorhersagen kann.

Hochrechnungen wären überflüssig, wenn Wahlen elektronisch durchgeführt würden. Jeder Bürger würde dann durch Eingabe der Partei seiner Wahl in einen Computer abstimmen, und das offizielle Wahlergebnis wäre sofort nach Schließung der Wahllokale abrufbar.

Aber damit – so werden Sie einwenden – wäre auch dem Missbrauch Tür und Tor geöffnet. Wo jetzt freiwillige Wahlhelfer aller Parteien darüber wachen, dass Stimmabgabe und Auszählung korrekt durchgeführt werden, könnte dann schlimmstenfalls eine einzige Person durch Manipulationen am Wahlcomputer den Ausgang der Wahl fälschen. Kann man solchen Missbrauch verhindern?

Die Antwort ist „Ja", und zwar mithilfe kryptographischer Methoden. Wir werden in diesem Abschnitt Schritt für Schritt ein sicheres elektronisches Wahlverfahren entwickeln, wobei wir uns das traditionelle Wahlverfahren als Vorbild nehmen.

6.4.1 Das traditionelle Wahlverfahren

Vor Beginn einer Wahl müssen zunächst alle wahlberechtigten Personen erfasst werden. Jede dieser Personen erhält dann eine *Wahlkarte* zugeschickt, die sie zur Teilnahme an der Wahl berechtigt. Wurde jemand vergessen, so kann er fordern, in die Liste der Wahlberechtigten aufgenommen zu werden.

Am Wahltag gehen Frau A und Herr B mit ihrer Wahlkarte ins Wahllokal und erhalten dort im Austausch gegen ihre Karte identisch aussehende Wahlzettel und Umschläge. Sie können nun in einer Wahlkabine für die Partei ihrer Wahl optieren, den ausgefüllten Wahlzettel in den von anderen ununterscheidbaren Umschlag stecken und in die Urne werfen.

Von diesem Zeitpunkt an sind die einzelnen Stimmen nicht mehr den Wählern zuordenbar.

Schließlich wird die Urne geleert, die Umschläge werden geöffnet und die Summe der Stimmen für jede Partei wird an die Zentrale weitergeleitet.

Wir nehmen der Einfachheit halber an, dass jeder Wähler höchstens eine Partei wählen kann. Dann hat das traditionelle Wahlverfahren folgende Eigenschaften:

- Jeder wahlberechtigte Bürger kann höchstens eine Stimme abgeben, da er höchstens einen Wahlzettel erhält.
- Die abgegebenen Stimmen können nicht mit bestimmten Wählern in Verbindung gebracht werden, da alle Stimmzettel und Umschläge gleich aussehen.

- Die freiwilligen Wahlhelfer überzeugen sich davon, dass die Stimmenauszählung korrekt durchgeführt wurde. Da die Helfer sich gegenseitig kontrollieren, kann im Normalfall jeder Bürger diesem Ergebnis trauen.

Mit einem elektronischen Wahlverfahren können alle dies Eigenschaften realisiert und sogar verbessert werden: Jeder Bürger kann die Korrektheit der Wahl an seinem PC überprüfen. Eine solche Wahl erfolgt in vier Phasen.

6.4.2 Ausgabe der Wahlzettel

Ein elektronischer Wahlzettel z wird aus einer Zahl x von besonderer Form gebildet, die von der Wahlbehörde durch eine blinde Signatur (vgl. Abschn. 3.8) mit einem „Stempel" versehen wurde. Wir kennen dieses Verfahren bereits von der Herstellung elektronischer Münzen:

Jeder wahlberechtigte Bürger B erzeugt eine Zahl x von bestimmter Struktur (x kann etwa ein Palindrom sein, das heißt von vorn und hinten gelesen gleich lauten, oder nur aus den Ziffern 0, 1, 2, 3 bestehen). B lässt sich die Zahl x von der Wahlbehörde blind signieren, und zwar mit dem geheimen Schlüssel der Behörde. Er erhält seinen Wahlzettel z zurück (siehe Abb. 6.5). Die Wahlbehörde stellt dabei sicher, dass jeder Bürger höchstens einen Wahlzettel erhält.

6.4.3 Einschreiben in die Wählerliste

B wählt einen RSA-Modul $n = pq$, dessen Faktorisierung er kennt, fasst seinen Wahlzettel z als öffentlichen Schlüssel $z = e_B$ auf und berechnet sich

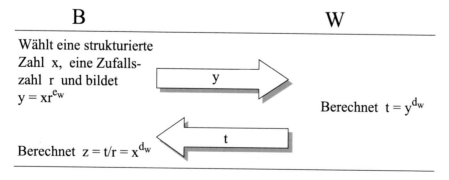

Abb. 6.5 Ausgabe der Wahlzettel

den dazugehörigen geheimen Schlüssel d_B. Dann schreibt er (z, n) auf eine öffentliche „Tafel" T. (Dies soll an eine Tafel erinnern, auf der bei der Auszählung die Anzahl der Stimmen notiert wird.)

Dies muss natürlich anonym geschehen, also benutzt er dazu ein Anonymisierungssystem, etwa einen MIX, und überprüft anschließend, ob e_B auch wirklich an die Tafel geschrieben wurde (Abb. 6.6).

6.4.4 Abstimmungsphase

B liegt eine Liste der Parteien vor (angelehnt an das Parteiensystem in Großbritannien), die sich bei dieser Wahl bewerben:

1. Conservative Party
2. Labour Party
3. Liberal Democrats

Er wählt die Listennummer k derjenigen Partei, die er wählen möchte, verschlüsselt diese Zahl mit seinem geheimen aktuellen Wahlschlüssel d_B und schreibt das Paar $\left(e_B, k^{d_B}\right)$ über den MIX an die Tafel T.

Die Bedeutung des MIXes kann man sich an einem Beispiel klarmachen. Angenommen, es gäbe eine Partei FRU, welche die Interessen der Frühaufsteher vertritt. Beim Auszählen der Stimmen aus der Wahlurne bemerken die Helfer, dass die zwanzig Stimmen, die auf dem Boden der Urne liegen, Stimmen für die FRU sind. Dann wissen die Helfer mit Sicherheit, dass zumindest die ersten im Wahllokal erschienenen Personen FRU-Wähler waren. Das konnten sie zwar auch vermuten, aber zwischen Vermuten und Wissen besteht bei einer Wahl ein großer Unterschied. Einen Ausweg aus

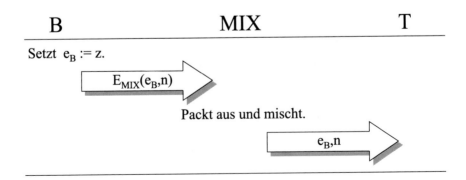

Abb. 6.6 Vorbereitung der Wahl

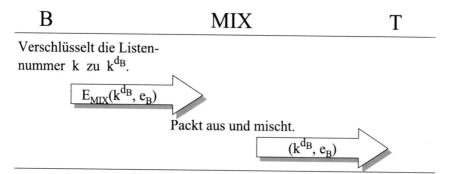

Abb. 6.7 Abstimmung

dem hier angedeuteten Dilemma bietet zum Beispiel das kräftige Durch-schütteln der Wahlurne vor der Öffnung. Und genau das tut ein MIX (Abb. 6.7).

6.4.5 Auszählung der Stimmen

Die Wahlbehörde und jeder interessierte Bürger können die Wahlbriefe k^{d_B} öffnen, indem sie

$$\left(k^{d_B}\right)^{e_B} \bmod n = k$$

berechnen und die Stimmen auszählen. (Der zu verwendende Modulus n ergibt sich aus e_B.)

Die Wahlbehörde (und jeder Bürger) kann zusätzlich überprüfen, ob jeder Bürger höchstens eine Stimme abgegeben hat. Dies ist genau dann der Fall, wenn

- zu jedem Wahlzettel z höchstens eine Stimme abgegeben wurde, und wenn
- alle öffentlichen Schlüssel, die an der Tafel angeschrieben werden, zugleich auch Wahlzettel darstellen.

Um das zweite Kriterium nachzuprüfen, berechnet die Wahlbehörde W dazu für jeden Bürger B

$$(e_B)^{e_W} = x^{d_W e_W} = x$$

und überprüft, ob das Ergebnis die vorgegebene Struktur hat.

6.4.6 Neuere Entwicklungen

Einen aktuellen Überblick zu den neueren Entwicklungen im Bereich eVoting bietet [KM17]. Erste praktische Erfahrungen wurden in Estland und Namibia gesammelt [MG17].

6.5   Das Tor-Netzwerk

Das wichtigste praktische Hilfsmittel für Journalisten, Dissidenten und Menschenrechtsaktivisten, anonym im Internet zu surfen, ist das *Tor-Netzwerk* (https://www.torproject.org/, [DMS04]). Da sich im Schutz der Anonymität, die durch Tor gewährleistet wird, auch Cyberkriminelle tummeln, wird dieses Netzwerk in der öffentlichen Diskussion oft auch als *Darknet* bezeichnet. Tatsächlich ist *The Tor Project, Inc,* eine gemeinnützige Organisation, die die Technologie hinter dem Tor Netzwerk, die in diesem Abschnitt beschrieben werden soll, weiterentwickelt. Diese Technologie wird von vielen Freiwilligen genutzt, die Tor Nodes betreiben, über die Internet-Datenverkehr anonymisiert werden kann.

Tor funktioniert ähnlich wie das in Abschn. 6.2 beschriebene MIX-Netzwerk, mit einer kleinen Änderung: Statt einzelne Nachrichten mehrfach zu verschlüsseln, werden verschlüsselte Kommunikationskanäle aufgebaut, die wie bei einer Zwiebel (daher das Tor-Logo) ineinander verschachtelt sind.

Abb. 6.8 erläutert den Verbindungsaufbau im Tor-Netzwerk. Ein Tor-Client, in der Abbildung der Tor-Browser, startet den Verbindungsaufbau, indem er sich drei Tor-Nodes zufällig aus der Liste aller Tor-Knoten auswählt: Einen Eintritts-Node, einen Vermittlungs-Node und einen Austritts-Node. Er initiiert zunächst einen Diffie-Hellman-Schlüsselaustausch mit dem Eintritts-Node, und das Ergebnis ist der rote Schlüssel, den nur der Tor-Client und der Eintritts-Node kennen. Dieser rote Schlüssel wird im Folgenden verwendet, um alle Daten zwischen dem Tor-Client und dem Eintritts-Node zu verschlüsseln. Als Datenformat für diese Verschlüsselung werden Tor-Zellen verwendet.

In einem zweiten Diffie-Hellman-Schlüsselaustausch handelt der Tor-Client mit dem Vermittlungs-Node den grünen Schlüssel aus. Alle IP-Pakete, die hierfür benötigt werden, werden zunächst (verschlüsselt) an den Eintritts-Node geschickt, und von dort (unverschlüsselt) an den Vermittlungs-Node. Nun können alle Daten, die vom Tor-Client gesendet werden, doppelt verschlüsselt werden – zunächst mit dem grünen Schlüssel, und dann noch einmal mit dem roten Schlüssel.

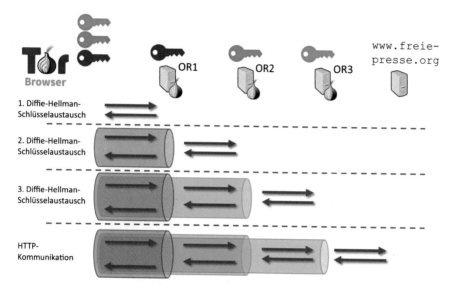

Abb. 6.8 Verbindungsaufbau im Tor-Netzwerk

Ein dritter Diffie-Hellman-Schlüsselaustausch schließt den Tor-Verbindungsaufbau ab, indem der blaue Schlüssel vereinbart wird. Die nachfolgende HTTP-Anfrage wird nun auf Seiten des Tor-Client dreifach verschlüsselt – nacheinander mit dem blauen, dem grünen und dem roten Schlüssel. Die Antwort des Webservers www.freie-presse.org wird dann auf dem Rückweg ebenfalls dreimal verschlüsselt, mit dem blauen, dem grünen und dem roten Schlüssel.

Diese ineinander geschachtelte Verschlüsselung schützt die Anonymität der Kommunikation, wie in Abb. 6.9 schematisch dargestellt. Dies liegt daran, dass auf den einzelnen Teilstrecken der Tor-Verbindung immer nur zwei IP-Adressen sichtbar sind: Auf Teilstrecke 1 nur die IP-Adresse IP_C des Tor-Client und des Eintritts-Node (IP_{OR1}), auf Teilstrecke 2 nur das Paar (IP_{OR1}, IP_{OR2}), und so weiter. Da ein Onion Router immer viele Pakete annimmt und ausgibt, kann ein Angreifer nicht nachverfolgen, welches dieser Eingangspakete (mit Zieladresse IP_{OR}) in welches Ausgangspaket (mit Absendeadresse IP_{OR}) überführt wird. Somit kann er den Weg eines Datenpakets durch das Tor-Netzwerk nicht nachverfolgen, selbst wenn er zwei der drei Onion-Router auf einem Pfad kontrolliert.

Mathematische Modelle für den Verbindungsaufbau und den Datenverkehr wurden in [DS18] und [Lau20] spezifiziert. Hier sind auch viele Details zu Tor zu finden, die im Originalartikel von Roger Dingledine, Nick

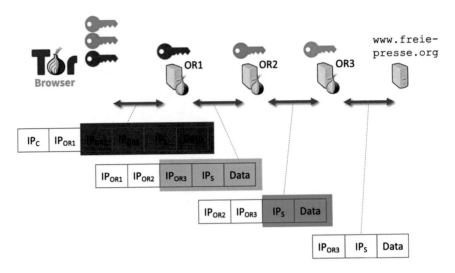

Abb. 6.9 Vereinfachte Darstellung der Anonymität im Tor-Netzwerk

Mathewson und Paul F. Syverson nicht enthalten sind. Die größte Gefahr für die Anonymität in Tor geht von sogenannten Traffic-Analysis-Angriffen aus, eine aktuelle Übersicht gibt [PSS20].

Literatur

[CFN88]   Chaum, D., Fiat, A., Naor, M.: Untraceable electronic cash. CRYPTO 319–327 (1988)

[Cha85]   Chaum, D.: Security without identification: Transaction systems to make big brother obsolete. Commun. ACM **28**(10), 1030–1044 (1985)

[Cha88]   Chaum, D.: The dining cryptographers problem: Unconditional sender and recipient untraceability. J. Cryptol. **1**(1), 65–75 (1988)

[PSW95]   Pfitzmann, B., Schunter, M., Waidner, M.: How to break another provably secure payment system. EUROCRYPT 121–132 (1995)

[Sch06]   Schneier, B.: Angewandte Kryptographie – Protokolle, Algorithmen und Sourcecode in C: der Klassiker, S. I–XXII, 1–844. Pearson Education (2006). ISBN 978-3-8273-7228-4

[Ste90]   Steinacker, A.: Anonyme Kommunikation in Netzen, S. 1–219. University of Mainz, Germany (1990)

[Cha81]   Chaum, D.: Untraceable electronic mail, return addresses, and digital pseudonyms. Commun. ACM **24**(2), 84–88 (1981)

[Beu15]   Beutelspacher, A.: Kryptologie – Eine Einführung in die Wissenschaft vom Verschlüsseln, Verbergen und Verheimlichen (10. Aufl.). Springer (2015). ISBN 978-3-658-05976-7

[CHL05]   Camenisch, J., Hohenberger, S., Lysyanskaya, S.: Compact E-cash. EUROCRYPT 302–321(2005)

[KM17]   Küsters, R., Müller J.: Cryptographic security analysis of e-voting systems: Achievements, misconceptions, and limitations. E-VOTE-ID 21–41 (2017)

[MG17]   Noluntu, M., van Greunen, D.: „E-voting experiences: A case of Namibia and Estonia." 2017 IST-Africa Week Conference (IST-Africa). IEEE (2017)

[Lau20]   Lauer, S., Gellert, K., Merget, R., Handirk, T., Schwenk, J.: T0RTT: Non-interactive immediate forward-secret single-pass circuit construction. Proc. Priv. Enhancing Technol. **2020**(2), 336–357 (2020)

[DS18]   Degabriele, J. P., Stam, M.: Untagging tor: A formal treatment of onion encryption. EUROCRYPT (3), 259–293 (2018)

[DMS04]   Dingledine, R., Mathewson, N., Syverson, P. F.: Tor: The second-generation onion router. USENIX Security Symposium 303–320 (2004)

[PSS20]   Platzer, F., Schäfer, M., Steinebach, M.: Critical traffic analysis on the tor network. ARES **77**(1–77), 10 (2020)

7

Vermischtes

In diesem abschließenden Kapitel behandeln wir vier wichtige Themen, nämlich Schlüsselmanagement, Angriffe und Protokolle, die merkwürdigen und bemerkenswerten Oblivious-Transfer-Protokolle und die heiß diskutierte Quantenkryptographie.

7.1 Schlüsselmanagement durch Trusted Third Parties

In großen, offenen kryptographischen Systemen, die nicht nur zwei, sondern viele Teilnehmer umfassen, zeigt sich schnell ein fundamentales Problem: Wie kann eine Teilnehmerin A einen Schlüssel erhalten, um mit einem anderen Teilnehmer B vertraulich oder authentisch zu kommunizieren, wenn sie B nicht kennt?

Wenn man so große Systeme wie das Internet betrachtet, so wird sehr schnell deutlich, dass kein Teilnehmer für jeden möglichen Kommunikationspartner einen geheimen Schlüssel speichern kann: Allein die Tatsache, dass ständig neue Nutzer zum System hinzukommen zeigt, dass so etwas unmöglich ist.

Aber selbst wenn dies ginge, blieben Fragen: Wie kommen die Schlüssel zu A? Vielleicht auf einer CD-ROM: Wer stellt sie her und vertreibt sie? Oder als Nachricht über das Netz: Wer verschlüsselt sie?

Auch die Verwendung von Public-Key-Verfahren löst das Problem nur teilweise, denn A kann nie sicher sein, dass der öffentliche Schlüssel von B,

© Der/die Autor(en), exklusiv lizenziert an Springer-Verlag GmbH, DE, ein Teil von Springer Nature 2022
A. Beutelspacher et al., *Moderne Verfahren der Kryptographie*, https://doi.org/10.1007/978-3-662-65718-8_7

den sie aus einem „elektronischen Telefonbuch" liest, auch wirklich von B stammt und nicht von einem Angreifer.

Man kann alle diese Probleme durch die Einführung einer vertrauenswürdigen „dritten Instanz", einer sogenannten **Trusted Third Party** (**TTP**) lösen, und zwar sowohl für Systeme, die auf asymmetrischen, als auch für solche, die auf symmetrischen Verfahren beruhen. Im ersten Fall hat die TTP wenig, im zweiten viel zu tun.

7.1.1 Schlüsselmanagement mit Public-Key-Verfahren

Wenn man ein Public-Key-Verfahren einsetzt, kann man das Problem elegant dadurch lösen, dass man das „elektronische Telefonbuch" als zertifiziertes Register von der TTP führen lässt. Die TTP wird in diesem Zusammenhang oft „**Certification Authority** (**CA**)" genannt. Dazu wählt die TTP ein sicheres Public-Key-Signaturverfahren aus und signiert jeden Eintrag, der aus dem Namen des Teilnehmers und seinem öffentlichen Schlüssel besteht, in das Register; diese elektronische Unterschrift nennt man ein **Zertifikat**.

Die einzelnen Teilnehmer müssen jetzt nur noch den öffentlichen Schlüssel der TTP zum Überprüfen der Zertifikate erhalten und können dann die Authentizität der Einträge im Schlüsselregister selbst überprüfen. Die TTP muss hier also für jeden Teilnehmer nur einmal aktiv werden, nämlich bei der Überprüfung seiner Identität und dem anschließenden Signieren seines öffentlichen Schlüssels.

Dieses Verfahren wurde standardisiert und ist ausführlich beschrieben, z. B. im internationalen Standard X.509 [X.509]. Fragen der Standardisierung kryptographischer Verfahren werden in [Pre93] behandelt.

In vielen modernen Anwendungen wird ein zertifikatsbasiertes Schlüsselmanagement eingesetzt. Wir erwähnen hier das Internet-Protokoll SSL/TLS (Transport Layer Security, [TLS]), das Schlüsselaustauschprotokoll IKE für IPSec [IPSec] sowie den Email-Standard S/MIME („Secure MIME" [SMIME]). Nähere Informationen zu diesen Standards findet man in [Sch20].

7.1.2 Protokolle zum Schlüsselmanagement mit symmetrischen Verfahren

Asymmetrische Verfahren bieten zwar eine Vielzahl von Vorteilen, aus Performancegründen spielen heute aber immer noch die symmetrischen

Verfahren eine große Rolle. Daher sollen jetzt einige Verfahren zum Schlüsselmanagement auf Basis symmetrischer Verfahren vorgestellt werden. Wir beginnen mit einem Beispiel.

7.1.2.1 Das GSM-Mobilfunknetz

Der GSM-Standard war die Basis für die nachfolgenden Mobilfunksysteme UMTS und LTE, die in Deutschland von allen Betreibern von Mobilfunkdiensten genutzt werden. Dieser Standard kann als gelungene Integration von Sicherheitsdiensten in ein Gesamtsystem angesehen werden. Es war notwendig, den Mobilfunk zu standardisieren, um grenzüberschreitendes Telefonieren möglich zu machen. Die entsprechende Standardisierungsgruppe hieß GSM („Groupe Spécial Mobile").

Die sicherheitstechnische Aufgabe war im Wesentlichen, die „Luftschnittstelle" zu schützen, also die Strecke, die das Telefonsignal per Funk überbrücken muss, bevor es in ein drahtgebundenes Netz eingespeist wird. Dabei sollte ein Schutz sowohl gegen unerlaubtes Telefonieren als auch gegen illegales Abhören dieser Schnittstelle gewährleistet sein.

Diese Ziele wurden durch die Verwendung von drei kryptographischen Algorithmen erreicht: dem A3-Algorithmus, der für die Authentifikation des Endgerätes gebraucht wird, dem A5-Algorithmus, mit dem das Telefongespräch verschlüsselt wird, und dem A8-Algorithmus, der den dafür benötigten Schlüssel liefert. Diese Algorithmen werden geheim gehalten.

Zur Authentifizierung eines Teilnehmers wird ein Challenge-and-Response-Protokoll verwendet. Dazu erzeugt das Mobilfunksystem eine Zufallszahl RAND, die an den Teilnehmer gesendet wird. Dieser berechnet mithilfe seines individuellen Schlüssels Ki und dem Authentifizierungsalgorithmus A3 eine Antwort SRES („signed response") und sendet diese zurück an das System. Dort wurde bereits der individuelle Schlüssel des Teilnehmers aus einer Datenbank gelesen und mit seiner Hilfe die korrekte Antwort SRES berechnet. Nur wenn die beiden Werte übereinstimmen, wird der Teilnehmer als berechtigt anerkannt und erhält Zugang zum Netz.

Die Zufallszahl wird an dieser Stelle aber nicht weggeworfen, sondern sie wird weiter zur Erzeugung eines Sitzungsschlüssels Kc verwendet. Dies geschieht einerseits im Handy des Teilnehmers (genauer gesagt in der dort befindlichen Chipkarte) und andererseits im System; dazu wird jeweils der Algorithmus A8 verwendet, der als Eingabewerte die Zufallszahl RAND und den individuellen Schlüssel Ki benötigt.

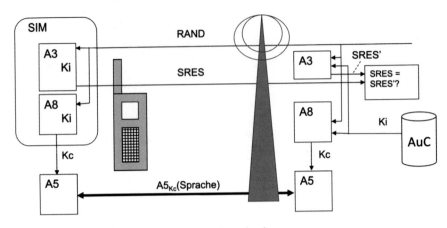

Abb. 7.1 Sicherheitsfunktionen im GSM-Standard

Nun kann das Telefongespräch geführt werden: Alle Sprachdaten werden zunächst digitalisiert und dann auf der Luftschnittstelle mit dem Algorithmus A5 unter dem Schlüssel Kc verschlüsselt (Abb. 7.1).

Wie oft das oben beschriebene Protokoll durchgeführt wird, ist im GSM-Standard nicht genau festgeschrieben. Es muss mindestens beim „Registrieren" eines Geräts durchgeführt werden, also beim Einschalten, kann aber auch vor jedem Anruf oder sogar während eines Anrufs verlangt werden. Dies festzulegen ist Sache des jeweiligen Netzbetreibers.

In GSM wurde auch eine Lösung für das Problem gefunden, wie sich ein Teilnehmer authentifizieren und verschlüsselte Gespräche führen kann, wenn er in einem fremden GSM-Mobilfunknetz „zu Gast" ist (z. B. im Ausland). Der fremde Netzbetreiber kennt nämlich den individuellen Schlüssel des Teilnehmers nicht, und er kann möglicherweise andere Varianten der Algorithmen A3 und A8 verwenden (nur der Algorithmus A5 ist standardisiert).

Im GSM-System läuft die gesamte Kommunikation zwischen zwei Teilnehmern A und B über das Netz. Es wird kein Sitzungsschlüssel zwischen A und B direkt vereinbart, sondern immer nur zwischen A bzw. B und dem Netz.

In der GSM-Lösung (Abb. 7.2) schickt das Heimatnetz des Teilnehmers auf sichere Art und Weise einige vorberechnete Tripel (RAND, SRES, Kc) an das fremde Netz. Dieses leitet die Zufallszahl RAND dann an den Teilnehmer weiter, vergleicht dessen Antwort mit dem Wert SRES und verwendet bei positivem Ausgang dieses Vergleichs den Schlüssel Kc zum Verschlüsseln der Luftschnittstelle.

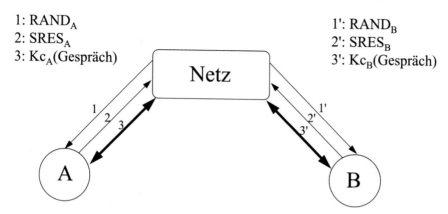

Abb. 7.2 Kommunikation zwischen A und B im GSM-System

Im Rest dieses Abschnitts wollen wir noch drei intensiv diskutierte Protokolle zur authentischen Vereinbarung eines Sitzungsschlüssels zwischen zwei Personen A und B vorstellen. Zuvor machen wir noch eine wichtige Bemerkung.

Zur Abwehr der so genannten „Replay-Attacken" (siehe unten) muss man garantieren, dass die in einem kryptographischen Protokoll gesendeten Nachrichten „frisch" sind, das heißt vorher niemals gesendet wurden. Dies wird durch Einbeziehung von Einmalwerten (engl. „nonces") gewährleistet. Dies können Zufallszahlen, Zeitstempel oder andere sich ständig ändernden Werte sein.

Protokolle unterscheiden sich auch dadurch, ob sie Zeitstempel benötigen oder mit allgemeinen Einmalwerten auskommen. Bei Zeitstempeln tritt nämlich das Problem auf, dass die entsprechenden Parteien synchronisierte Uhren benötigen.

7.1.2.2 Das Breitmaulfrosch-Protokoll

Das folgende Protokoll wurde von Burrows in [BAN89] vorgeschlagen. Es ist wohl das einfachste Verfahren, wie mithilfe einer Trusted Third Party ein authentischer Sitzungsschlüssel zwischen A und B vereinbart werden kann. Im Folgenden werden wir die TTP auch mit S („Server") bezeichnen.

A sendet ein Kryptogramm an S, das mit dem gemeinsamen geheimen Schlüssel k_{AS} von A und S verschlüsselt wurde, und das außer einen **Sitzungsschlüssel** k_{AB} noch einen **Zeitstempel** t_A von A und den Namen des gewünschten Gesprächspartners B enthält. Außerdem muss A der TTP ihren Namen mitteilen, damit diese den richtigen geheimen Schlüssel wählen kann:

$$A, k_{AS}(t_A, B, k_{AB})$$

Bemerkung: Der Übersichtlichkeit halber schreiben wir hier $k(m)$ für den Geheimtext, der aus m durch Anwenden des Schlüssels k entsteht.

Die TTP generiert dann einen neuen Zeitstempel t_S und verschlüsselt diesen zusammen mit dem Namen von A und dem Sitzungsschlüssel k_{AB}, diesmal aber mit dem gemeinsamen geheimen Schlüssel k_{BS} von B und S:

$$k_{BS}(t_S, A, k_{AB})$$

Nach Empfang und Entschlüsselung dieser Nachricht kann B dann Kontakt mit A aufnehmen. Die beiden können sich gegenseitig authentifizieren und geheim kommunizieren, da sie nun ein gemeinsames Geheimnis k_{AB} besitzen (Abb. 7.3).

7.1.2.3 Das Otway-Rees-Protokoll

Das Breitmaulfrosch-Protokoll ist zwar einfach und effizient, hat aber den Nachteil, dass es nur eines der beiden Ziele erfüllt: A und B können mit diesem Protokoll nur einen gemeinsamen Schlüssel vereinbaren, aber wenn sie dann eine Verbindung aufgebaut haben, müssen sie nochmals eine wechselseitige Authentifikation durchführen.

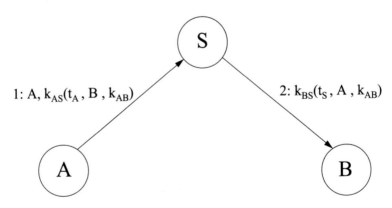

Abb. 7.3 Das Breitmaulfrosch-Protokoll

Das Otway-Rees-Protokoll [OR87] löst beide Probleme gleichzeitig; außerdem braucht keine Verbindung zwischen A und der TTP aufgebaut zu werden.

Im Otway-Rees-Protokoll baut A zunächst eine Verbindung zu B auf, wählt für das soeben gestartete Protokoll einen Einmalwert t_A, und sendet B zusammen mit den beiden Adressen A und B und einer Sitzungs-ID m ein Kryptogramm, das nur die TTP S verwerten kann, da es mit dem nur A und S bekannten Schlüssel k_{AS} verschlüsselt ist:

$$m, A, B, k_{AS}(t_A, m, A, B)$$

B generiert nun ein ähnliches Kryptogramm mit einem eigenen Einmalwert t_B und seinem Schlüssel k_{BS}, den er mit der TTP teilt. Dann gehen alle diese Daten an die TTP:

$$m, A, B, k_{AS}(t_A, m, A, B), k_{BS}(t_B, m, A, B)$$

Diese generiert den Sitzungsschlüssel k_{AB} und verschlüsselt diesen jeweils zusammen mit dem passenden Einmalwert und dem passenden Schlüssel und schickt das Ergebnis an B:

$$m, k_{AS}(t_A, k_{AB}), k_{BS}(t_B, k_{AB})$$

B entschlüsselt sein Kryptogramm, überprüft, ob es seinen Einmalwert t_B enthält, und akzeptiert gegebenenfalls den darin enthaltenen Schlüssel k_{AB} als Sitzungsschlüssel für seine Verbindung mit A. A verfährt analog, und wenn auch ihre Überprüfung positiv ausfällt, können die beiden kommunizieren (Abb. 7.4).

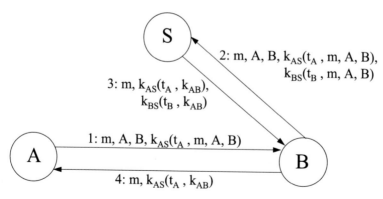

Abb. 7.4 Das Otway-Rees-Protokoll

7.1.2.4 Das Needham-Schroeder-Protokoll

Das Needham-Schroeder-Protokoll [NS78] diente als Vorbild für viele andere Authentifikationsprotokolle. Bei diesem Protokoll tritt nur A in Kontakt mit der TTP. Sie sendet ihr zunächst die Namen der Teilnehmer und einen Einmalwert t_A:

$$A, B, t_A$$

Die TTP S antwortet mit dem gesendeten Einmalwert, dem Namen des anderen Teilnehmers B, dem Sitzungsschlüssel k_{AB} und einem für B bestimmten Kryptogramm. All dies wurde mit dem nur A und S bekannten Schlüssel k_{AS} verschlüsselt.

$$k_{AS}(t_A, B, k_{AB}, k_{BS}(k_{AB}, A))$$

A überprüft den Einmalwert und leitet das Kryptogramm an B weiter.

$$k_{BS}(k_{AB}, A)$$

Dieser entschlüsselt es, erfährt den Sitzungsschlüssel und dass A mit ihm kommunizieren möchte. Was er nicht weiß ist, ob er tatsächlich mit A verbunden ist. Er initiiert daher noch ein modifiziertes Challenge-and-Response-Protokoll, bei dem er nicht die Challenge t_B selbst als Response erwartet, sondern das Kryptogramm einer Funktion von t_B unter dem Sitzungsschlüssel k_{AB}. Als mögliche Funktion von t_B wurde hier $f(t_B) = t_B - 1$ gewählt (Abb. 7.5).

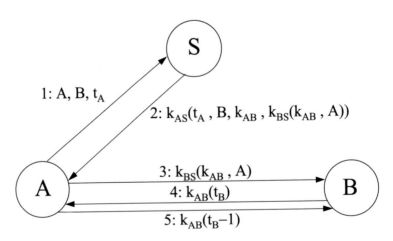

Abb. 7.5 Das Needham-Schroeder-Protokoll

Analyse Das Needham-Schroeder-Protokoll hat in dieser ersten Version (es gibt auch eine zweite Version, die aber von der Funktionalität her mit dem Otway-Rees-Protokoll identisch ist) eine ernstzunehmende Schwäche: B hat keinerlei Möglichkeit zu überprüfen, ob das Kryptogramm, das er von der TTP erhält, frisch ist. Er wird nämlich erst in das Protokoll einbezogen, wenn die Kommunikation mit der TTP beendet ist, hat also keine Möglichkeit, eine Zufallszahl an die TTP zu schicken.

Das wird dann zu einem Problem, wenn die verwendeten Verschlüsselungsverfahren nicht stark genug sind, um einem Langzeitangriff standzuhalten. Ein Angreifer $\tilde{A}$ könnte einige Monate spendieren, um den Schlüssel k_{AB} zu berechnen, oder er könnte ihn auf andere Art und Weise erhalten, vielleicht durch Auslesen einer geheimen Datei oder einer Chipkarte. Dann sendet er die abgefangene Nachricht $k_{BS}(A, k_{AB})$ an B, der nicht überprüfen kann, ob diese Nachricht frisch ist oder bereits vor einigen Monaten erzeugt wurde. Auch das anschließende Challenge-and-Response-Protokoll hilft B nicht, denn $\tilde{A}$ kann mit Hilfe von k_{AB} auf die Challenge antworten.

Noch gravierender wird es, wenn $\tilde{A}$ den Schlüssel k_{AS} kennt. In diesem Fall ist es ihm möglich, sich auf Vorrat ihn interessierende Schlüssel k_{AX} für viele Teilnehmer X zu besorgen. Selbst wenn A dann merkt, dass ihr Schlüssel k_{AS} missbraucht wurde (indem sie zum Beispiel eine hohe Rechnung von der TTP über die erbrachten Dienstleistungen erhält), macht eine Änderung des Schlüssels k_{AS} die Sitzungsschlüssel k_{AX}, die $\tilde{A}$ kennt, nicht ungültig! Man hat also bei Verwendung dieses Protokolls keine Möglichkeit, den Missbrauch abzustellen.

Diese Sicherheitsmängel wurden beim Übergang zum Nachfolgeprotokoll Kerberos [KNT91] beseitigt. Kerberos wird heute vor allem von Microsoft eingesetzt.

7.2 Angriffe auf Protokolle

Protokolle können erfolgreich angegriffen werden, ohne die ihnen zugrunde liegenden kryptographischen Funktionen (Verschlüsselungs-, Hash- oder Signaturverfahren) auch nur anzutasten! In diesem Abschnitt stellen wir zunächst einige allgemeine Angriffe auf Protokolle vor und gehen dann auf ein besonders eindrückliches Beispiel für eine solche Attacke ein. Schließlich weisen wir auf automatische Analysetools zum Auffinden von Schwachstellen in Protokollen hin.

7.2.1 Allgemeine Angriffe auf Protokolle

Es gibt eine ganze Reihe von Angriffsprinzipien, die man kennen sollte, wenn man ein Protokoll entwerfen möchte.

7.2.1.1 Impersonifikation

Versucht ein Betrüger $\tilde{A}$ sich in einem Protokoll als eine andere Person A auszugeben, so spricht man von einem **Impersonifikations-Angriff.** Ein solcher Angriff ist z. B. im weiter unten vorgestellten TMN-Protokoll möglich, da jeder den öffentlichen Schlüssel der TTP kennt und somit die entsprechenden Nachrichten generieren kann.

Impersonifikation kann man dadurch verhindern, dass jedem Teilnehmer zu Beginn von einer vertrauenswürdigen Instanz (der TTP) eine geheime Information eindeutig zugeordnet wird. Dies kann ein Schlüssel eines symmetrischen Kryptoverfahrens sein, welcher der TTP ebenfalls bekannt ist, oder eine asymmetrische Schlüsselinformation (z. B. der private Schlüssel des RSA-Verfahrens oder das zu einem Zero-Knowledge-Verfahren gehörende Geheimnis), wobei dann die entsprechende öffentliche Information von der TTP signiert sein muss.

7.2.1.2 Replay-Attacken

Bei einer **Replay-Attacke** wird eine Nachricht, die bereits einmal gesendet wurde, erneut in das Protokoll eingeschleust.

Das einfachste Beispiel für eine Replay-Attacke ist das Folgende: Ein Angreifer A zahlt bei einer fremden Bank X einen Betrag von € 100,– auf sein eigenes Konto ein, das bei einer anderen Bank Y geführt wird. Würde die kryptographische Nachricht keine Zeitstempel oder sonstigen Variablen (z. B. Zufallszahlen) enthalten, sondern hätte nur die Form

$$k_{XY}(X, Y, A, \in 100)$$

so könnte A die Nachricht aufzeichnen und mehrmals an seine Bank schicken. Diese würde seinem Konto dafür jedes Mal € 100,– gutschreiben. Um diesen Angriff durchführen zu können, muss A die Nachricht nicht entschlüsseln, sondern muss sich nur Zugang zur Datenverbindung zwischen X und Y zu verschaffen.

Replay-Attacken kann man durch Einfügen von Zeitstempeln verhindern, falls bei den an einem Protokoll beteiligten Instanzen synchronisierte Uhren vorhanden sind. Gibt es keine Uhren, so kann man sich mit Einmalwerten („nonces", siehe oben) behelfen.

7.2.1.3 Chess Grandmasters Problem

Eine weitere Klasse von Angriffen ist dadurch charakterisiert, dass ein Angreifer zwei Protokollinstanzen gleichzeitig durchführt und die Antworten, die er aus Protokoll 1 erhält, als seine eigenen Antworten im Protokoll 2 weitergibt. Diese Attacke lässt sich gut an dem folgenden Beispiel (Abb. 7.6) erläutern, von dem sie ihren Namen hat.

Bei einer elektronischen Schachpartie kann selbst ein blutiger Anfänger A* gegen einen Großmeister bestehen, wenn er wie folgt vorgeht: Er spielt nicht nur gegen einen, sondern gleichzeitig gegen zwei Großmeister! Dazu eröffnet er zunächst eine Partie gegen den Großmeister W, in der er schwarz spielt (und damit W den ersten Zug hat), und kurz darauf eine Partie gegen S, bei der er weiß spielt.

7.2.2 BAN-Logik

Kryptographische Protokolle können schnell so komplex werden, dass eine Analyse von Hand praktisch unmöglich wird. Automatische Tools könnten hier Abhilfe schaffen.

Der früheste Ansatz auf diesem Gebiet ist die so genannte BAN-Logik dar, die nach ihren Autoren Burrows, Abadi und Needham benannt wurde (vgl. [BAN89, BAN90]). In ihr werden mit einem aus der Logik entlehnten Formalismus Regeln angegeben, wie sich der „Glauben" eines Teilnehmers während der Durchführung eines Protokolls ändert. Mit diesem Formalismus wurden Verfahren wie das Breitmaulfrosch-, das Otway-Rees- oder das Needham-Schroeder-Protokoll untersucht. Zu Beginn dieser Protokolle glaubt der Teilnehmer – grob gesprochen – nur, dass er einen gemeinsam

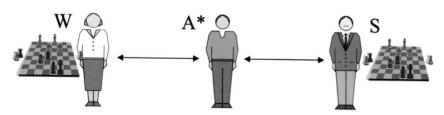

Abb. 7.6 Das Problem der Schachgroßmeister

geheimen Schlüssel mit der TTP besitzt und kann damit Nachrichten der TTP als „frisch" erkennen. Am Ende dieser Protokolle soll der Teilnehmer A dann glauben, dass er auch mit B einen gemeinsamen geheimen Schlüssel besitzt.

Neuere Ansätze zur symbolischen Analyse sind in Tools wie Tamarin [SMCB12] oder CryptoVerif [Cver] implementiert.

7.2.3   Die Simmons-Attacke auf das TMN-Protokoll

Es gibt Angriffe auf Protokolle, die immer funktionieren, auch wenn die verwendeten Kryptoalgorithmen sicher sind und der Angreifer keine Schlüssel kennt. Ein Musterbeispiel für einen solchen Angriff hat Simmons vorgestellt (vgl. [Sim94, Sim94a]). Es handelt sich dabei um einen Angriff auf ein Protokoll zum Schlüsselmanagement in Mobilfunksystemen, das von Tatebayashi, Matsuzaki und Newman [TMN90] vorgestellt wurde. Das Protokoll verwendet zwei sichere Verschlüsselungsverfahren, nämlich das RSA-Verfahren (vgl. Abschn. 2.8) und den One-Time-Pad (vgl. Abschn. 2.1), ist aber als Ganzes gesehen unsicher.

Das TMN-Protokoll (Abb. 7.7) wurde so gestaltet, dass im Vorfeld keinerlei Schlüsselmanagement nötig ist, nicht einmal die Vereinbarung von geheimen Schlüsseln zwischen der TTP und den einzelnen Benutzern. Die Nutzer dieses Mobilfunksystems müssten lediglich den öffentlichen

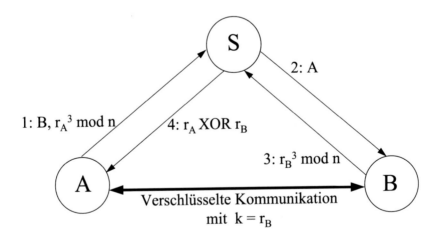

Abb. 7.7   Das TMN-Protokoll

RSA-Schlüssel (e, n) der TTP kennen. Unklar bleibt bei diesem System, wie die TTP die einzelnen Teilnehmer identifiziert.

Wenn eine Teilnehmerin A mit einem Teilnehmer B verschlüsselt kommunizieren möchte, so generiert sie eine Zufallszahl r_A, verschlüsselt diese mit dem öffentlichen Schlüssel ($e = 3, n$) der TTP und sendet dieses Kryptogramm zusammen mit der Adresse von B an die TTP:

$$B, r_A^3 \bmod n$$

Die TTP teilt B mit, dass ein Kommunikationswunsch von A besteht, und B antwortet ebenfalls mit einer verschlüsselten Zufallszahl r_B, die bei der späteren Kommunikation zwischen A und B als Sitzungsschlüssel verwendet wird.

Die TTP verschlüsselt r_B mit dem One-Time-Pad unter Verwendung des Schlüssels r_A, das heißt, r_A und r_B werden bitweise modulo 2 addiert. A macht die Verschlüsselung rückgängig und erhält so den von B festgelegten Sitzungsschlüssel r_B.

Der Angriff von Simmons funktioniert wie folgt: Zwei Teilnehmer C und D verbünden sich, um die Kommunikation zwischen A und B abzuhören. Sie zeichnen alle Nachrichten des TMN-Protokolls zwischen A, B und S auf, sind aber nur an dem Wert $r_B^3 \bmod n$ interessiert. Zusätzlich vereinbaren die beiden vorab eine Zahl r', die den Wert r_D im TMN-Protokoll ersetzt. Anschließend sendet C die Nachricht

$$r_C^3 \left(r_B^3 \bmod n \right) \bmod n = (r_C r_B)^3 \bmod n$$

an die TTP (man darf den Exponenten $e = 3$ „herausziehen"). Nachdem S den Verbündeten D von C angesprochen hat, sendet dieser den mit (e, n) verschlüsselten, vorab vereinbarten Wert r' an die TTP. Diese berechnet schließlich

$$r_C r_B XOR r'$$

und sendet das Ergebnis an C.

Dieser kann nun den Sitzungsschlüssel r_B von A und B wie folgt erhalten: Er berechnet

$$\left(\left(r_C r_B XOR r' \right) XOR r' \right) \cdot r_C^{-1} \bmod n = r_C r_B r_C^{-1} \bmod n = r_B$$

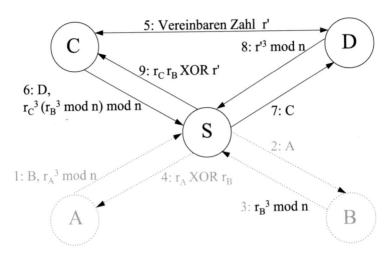

Abb. 7.8 Simmons' Attacke auf das TMN-Protokoll

Man kann den von Simmons beschriebenen Angriff dadurch unmöglich machen, dass man anstelle des One-Time-Pad eine andere Verschlüsselungsfunktion (z. B. AES) verwendet, die eine bestimmte Eigenschaft des One-Time-Pad nicht besitzt, nämlich dass Schlüssel und Klartext gleichwertig sind. Simmons' Angriff basiert darauf, dass in Nachricht 8 aus Abb. 7.8 die Rollen von Schlüssel und Klartext vertauscht werden.

Aber selbst bei Verwendung eines beliebigen Verschlüsselungsverfahrens bleibt das Protokoll unsicher, wie Abb. 7.9 zeigt.

Bei dem Angriff auf das modifizierte Protokoll sendet D eine Nachricht, die den abgehörten Wert r_A^3 enthält. C wird es dadurch möglich, r_A zu berechnen und anschließend Nachricht 4 zu entschlüsseln, die den Sitzungsschlüssel enthält.

7.3 Oblivious Transfer

„Oblivious Transfer" (auf Deutsch etwa „Übertragung ohne Gedächtnis") ist der Name eines auf den ersten Blick seltsam anmutenden Protokolls, das nichtsdestotrotz große Bedeutung hat. Es ist eine Art „kontrolliertes Zufallsexperiment" und wurde zuerst im Zusammenhang mit der Unterzeichnung von Verträgen beschrieben [EGL85]. Man kann die gesamte Kryptographie auf dem Grundbaustein „Oblivious Transfer" aufbauen [Kil88].

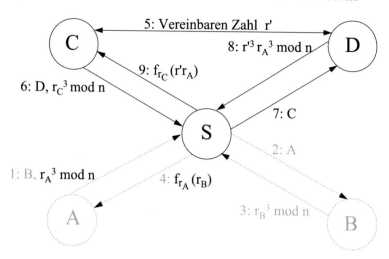

Abb. 7.9   Eine Attacke auf das modifizierte TMN-Protokoll

7.3.1 Ein mechanisches Modell

Alice möchte Bob eine Nachricht b mitteilen. Dabei stellen Alice und Bob seltsame Forderungen auf:

- Bob soll die Nachricht b genau mit Wahrscheinlichkeit 1/2 erhalten, also mit Wahrscheinlichkeit 1/2 nichts über b erfahren,
- Alice ihrerseits darf nicht wissen, welcher der beiden Fälle eingetreten ist, also ob Bob b kennt oder nicht.

In der mechanischen Realisierung von Oblivious Transfer (**OT**) in Abb. 7.10 wirft Alice einen Ball, auf den sie die Nachricht b geschrieben hat, in einen Schacht, den Alice nicht einsehen kann. Der Schacht endet ein Stockwerk tiefer; diese Etage ist von einer spitz zulaufenden Mauer in zwei Hälften geteilt, von denen nur eine zugänglich ist; in dieser befindet sich Bob. Kommt der Ball nun aus dem Schacht, so springt er jeweils mit Wahrscheinlichkeit 1/2 in die zugängliche bzw. in die unzugängliche Hälfte der Etage.

Bob erhält also in genau der Hälfte aller Fälle die Nachricht b, und Alice kann nicht sehen, in welche Hälfte der Ball gefallen ist.

Man kann sich auch eine sehr effektive quantenphysikalische Implementierung vorstellen, wie sie in Abb. 7.11 dargestellt ist. Hierbei trifft ein einzelnes Lichtquant im Winkel von 45° auf eine Glasscheibe. Es durchdringt diese genau mit Wahrscheinlichkeit 1/2 bzw. wird mit

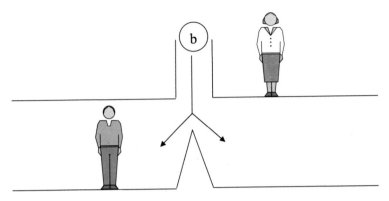

Abb. 7.10   Eine mechanische Realisierung des Oblivious-Transfer-Protokolls

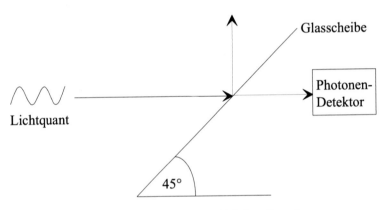

Abb. 7.11   Eine physikalische Realisierung von Oblivious Transfer

Wahrscheinlichkeit 1/2 reflektiert. Die als Wellenlänge codierte Information erreicht also genau in der Hälfte aller Fälle ihren Adressaten, den Photonendetektor.

7.3.2 Eine praktische Variante

Wir stellen uns jetzt vor, dass Alice eine Industriespionin ist, die zwei Geheimnisse b_0 und b_1 zu verkaufen hat. Bob interessiert sich für genau eines der beiden Geheimnisse, möchte aber der unzuverlässigen Alice nicht verraten, für welches. In diesem Fall können beide zur Abwicklung ihrer Transaktion eine Variante von Oblivious Transfer benutzen, den so **genannten 1-aus-2-Oblivious Transfer** (OT_2^1).

Dieses Protokoll erfüllt die beiden folgenden Bedingungen:

- Bob erhält genau eines der beiden Geheimnisse und erfährt nichts über das andere.
- Alice weiß nicht, welches Geheimnis Bob erhalten hat.

Wir werden im nächsten Abschnitt sehen, dass dieses „sinnvolle" Protokoll tatsächlich eine Variante von OT ist, das heißt mit Hilfe von OT implementiert werden kann [Cre87].

In der in Abb. 7.12 geschilderten Situation darf Bob sich entscheiden, welches Geheimnis er erhalten möchte: Um b_0 zu erhalten muss er in die linke Hälfte der unteren Etage, für b_1 in die rechte. Da Bob nur eine der beiden Hälften betreten kann, wird er genau eines der beiden Geheimnisse erhalten, und da Alice das untere Stockwerk nicht einsehen kann, weiß sie nicht, ob Bob b_0 oder b_1 gewählt hat.

7.3.3 OT und OT_2^1 sind äquivalent

Es ist leicht einsehbar, dass man aus einem OT_2^1-Protokoll immer ein OT-Protokoll machen kann: Alice muss zusätzlich noch eine Münze werfen, um zu entscheiden, in welche der beiden Röhren sie den Ball mit der Nachricht b werfen soll (auf dem anderen Ball stehen allgemein bekannte Dinge wie z. B. $E = mc^2$).

Die umgekehrte Frage ist schwieriger zu beantworten: Kann man mit Hilfe eines OT-Protokolls ein OT_2^1-Protokoll konstruieren? Die Antwort ist

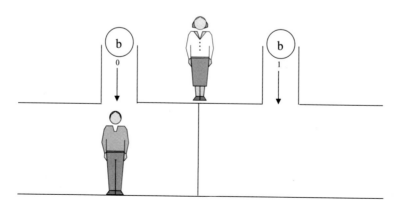

Abb. 7.12 Eine mechanische Realisierung von 1-aus-2-Oblivious Transfer

nicht offensichtlich. Man kann sich z. B. eine physikalische Realisierung von OT vorstellen (vgl. Abb. 7.11), aber bei OT_2^1 fällt das schon schwer. Claude Crepeau hat diese Frage mit „ja" beantwortet. Wir geben seine Lösung hier wieder, die sich fast ohne Mathematik darstellen lässt.

7.3.3.1 Schritt: Oblivious Transfer

Alice schreibt n unsinnige Nachrichten $a_1, \ldots, a_n$ auf von 1 bis n nummerierte Bälle und führt für jede dieser Nachrichten ein OT-Protokoll mit Bob durch. Im mechanischen Modell bedeutet dies, dass sie alle Bälle durch die Öffnung wirft. Die Zahl n sei dabei so groß gewählt, dass mit sehr großer Wahrscheinlichkeit in jeder der beiden Hälften des unteren Stockwerks ungefähr gleich viele Bälle liegen. Genauer gesagt sollen auf jede der beiden Seiten mindestens $n/3$ und höchstens $2n/3 - 1$ Bälle fallen.

7.3.3.2 Schritt: Bob erstellt zwei Listen

Wir nehmen an, dass Bob die Nachricht b_1 erhalten möchte. Dazu erstellt er zwei Listen. Auf die Liste 1 schreibt er die Nummern von $n/3$ Nachrichten, die er alle kennt (in der in Abb. 7.13 dargestellten Situation also die Nummern a_1 und a_3), und auf die Liste 0 schreibt er $n/3$ andere Nummern (z. B. a_2 und a_5). Dann gibt er beide Listen an Alice.

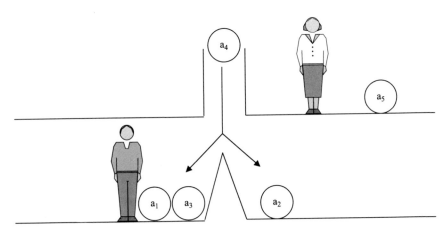

Abb. 7.13 Durchführung des Oblivious-Transfer-Protokolls für die Bits a_2 bis a_5

7.3.3.3 Schritt: Alice verschlüsselt b_0 und b_1

Es wird vorausgesetzt, dass Bob mindestens zwei (nämlich a_1 und a_3), aber auch höchstens drei der fünf Werte $a_1, a_2, \ldots, a_5$ kennt. Unter dieser Voraussetzung fehlt ihm zur Berechnung von b_0 mindestens einer der Werte a_2 oder a_4.

Alice addiert alle Nachrichten von Liste 0 und addiert schließlich noch b_0 zu dieser Summe. Das Ergebnis ist s_0. Entsprechend wird s_1 gebildet. Alice übermittelt die Ergebnisse s_0 und s_1 an Bob. Dieser kann genau s_1 zu b_1 entschlüsseln, indem er von s_1 die ihm bekannten Nachrichten von Liste 1 subtrahiert (siehe Abb. 7.14).

7.3.4 Unterzeichnen von Verträgen

Alice und Bob haben einen Vertrag v ausgehandelt, und dieser soll auf elektronischem Weg unterschrieben werden. Der Vertrag wird für Alice bindend, wenn sie ihre Unterschrift $D_A(v)$ an den Vertrag angefügt hat. Das Entsprechende gilt für Bob, wobei (D_A, E_A) und (D_B, E_B) die Schlüsselpaare von Alice und Bob für ein Signatursystem sind.

Dabei tritt folgendes Problem auf: Was passiert, wenn Alice unterschreibt und $(v, D_A(v))$ an Bob schickt, dieser sich aber dann weigert, seinerseits zu unterzeichnen und stattdessen darauf pocht, dass Alice ihre Verpflichtungen ihm gegenüber einhält? So könnte Bob beispielsweise verlangen, dass Alice für eine Ware bezahlt, die sie aber dann gar nicht erhält.

Eine Lösung dieses Problems besteht darin, eine TTP (etwa einen Notar) einzuschalten, sodass der Vertrag nur dann gültig wird, wenn zuerst Alice und Bob und dann der Notar unterschrieben haben. Interessanterweise gibt

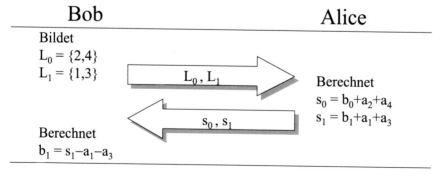

Abb. 7.14 Protokoll zum Berechnen von b_1

es aber eine schöne Lösung ohne einen vertrauenswürdigen Notar. Dazu müssen Alice und Bob ein Protokoll durchführen, das 1-aus-2-Oblivious Transfer verwendet.

7.3.4.1 Schritt: Vorbereitung

Alice und Bob einigen sich auf ein Verfahren, den Vertrag v insgesamt n-mal auf verschiedene Arten zu halbieren. Dabei sei der Vertrag $2k$ Bit lang, jede Hälfte enthält also k Bit.

Die beiden Hälften der ersten Halbierung seien $v(1)$ und $v(n + 1)$, die der zweiten Halbierung $v(2)$ und $v(n + 2)$ usw. (Abb. 7.15). Anschließend berechnen Alice und Bob jeweils Unterschriften der beiden Vertragshälften, das heißt:

$$a_i := D_A(v(i)), b_i := D_B(v(i)), i = 1, 2, \ldots, 2n$$

Die Regel lautet, dass der Vertrag für Alice bindend wird, wenn Bob Unterschriften a_i und a_{n+i} von zueinander passenden Hälften des Vertrages V präsentieren kann. Entsprechend ist der Vertrag für Bob bindend, wenn Alice zusammengehörige Unterschriften b_j und b_{n+j} besitzt.

7.3.4.2 Schritt: 1-aus-2-Oblivious Transfer

Alice gibt mithilfe des OT_2^1-Protokolls jeweils genau eine der beiden Hälften von

$$(a_1, a_{n+1}), (a_2, a_{n+2}), \ldots, (a_n, a_{2n})$$

an Bob weiter. Sie weiß nicht, ob Bob sich bei dem Paar (a_i, a_{n+i}) für a_i oder für a_{n+i} entschieden hat. Bob seinerseits kann überprüfen, ob er jeweils

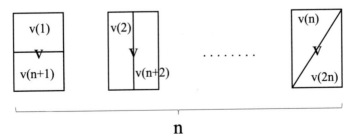

Abb. 7.15 Halbierungen des Vertrags v

unterschriebene Hälften des Vertrags erhalten hat, indem er die Unterschrift a_j mithilfe des öffentlichen Schlüssels E_A verifiziert.

Auf entsprechende Art und Weise gibt Bob jeweils die Hälfte seiner Unterschriften an Alice weiter.

7.3.4.3 Schritt: Bitweise Übertragung aller Unterschriften

Alice und Bob senden sich nun Bit für Bit abwechselnd ihre Unterschriften zu. Alice beginnt mit dem ersten Bit von a_1, Bob antwortet mit dem ersten Bit von b_1, dann folgt das erste Bit von a_2 usw. Am Ende dieses Schrittes kennen beide Parteien alle Teilunterschriften ihres Partners, können also insbesondere ein Paar von Unterschriften präsentieren. Damit ist der Vertrag gültig.

7.3.4.4 Was passiert, wenn Alice oder Bob betrügen?

Nehmen wir an, Bob wolle Alice betrügen, das heißt, er möchte ein Paar (a_i, a_{n+i}) erhalten, ohne seinerseits ein Paar (b_j, b_{n+j}) an Alice weiterzugeben. Dazu fallen ihm folgende Möglichkeiten ein:

- Er könnte in Schritt 2 die b_j fälschen, die er Alice anbietet, das heißt, er bietet ein b_j' an, das keine Signatur von $v(j)$ ist. Da Alice diese Bedingung überprüft, kann Bob jeweils höchstens eine der beiden Teilunterschriften (b_j, b_{n+j}) verändern mit der Hoffnung, dass Alice in Schritt 2 die unveränderte Unterschrift auswählt.

Um andererseits auch im Schritt 3 betrügen zu können, muss Bob in jedem Paar mindestens eine Hälfte fälschen, denn Alice vergleicht die erhaltenen Bits (falls möglich) mit den in Schritt 2 erhaltenen Teilgeheimnissen.

Die Wahrscheinlichkeit, dass Alice in allen Fällen die korrekte Hälfte von $(b_j, b_{n+j}), j \in \{1, 2, \ldots, n\}$, wählt, ist verschwindend klein, nämlich $(1/2)^n$. Diese Wahrscheinlichkeit wird durch den Sicherheitsparameter n gesteuert. Alice erkennt diesen Betrugsversuch von Bob also praktisch immer.

- Bob könnte in Schritt 3 falsche Bits übertragen. Dazu muss er raten, welche Hälfte von (b_j, b_{n+j}) Alice in Schritt 2 gewählt hat. War dies zum Beispiel b_j, so muss er die Bits von b_j korrekt übertragen und kann die Bits von b_{n+j} verändern.

Die Wahrscheinlichkeit, dass Bob für alle n Paare richtig rät, ist mit $(1/2)^n$ verschwindend klein. Alice wird diese Betrugsversuche entdecken.

Aber Alice kann hier leicht ein Paar berechnen: Mit hoher Wahrscheinlichkeit hat Alice in Schritt 2 eine Hälfte b_{n+j} für ein $j \in \{1, 2, \ldots, n\}$ gewählt. In diesem Fall kennt Alice das Paar (b_J, b_{n+j}) bis auf das letzte Bit von b_j, das sie einfach durch Ausprobieren der beiden Möglichkeiten 0 und 1 bestimmen kann.

Eine ähnliche Argumentation kann man verwenden, wenn Bob die Übertragung schon früher einstellt. Alice benötigt höchstens doppelt so viel Zeit wie Bob, um ein Paar zu vervollständigen.

7.3.5 Implementierung von OT und OT^1_2

Die im Folgenden angegebenen Implementierungen sind recht aufwendig, sie zeigen aber sehr schön, wie man mit Mathematik auch scheinbar paradoxe Probleme lösen kann.

7.3.5.1 Oblivious Transfer

Alice wählt zwei große Primzahlen p, q und benutzt ein zu $m = pq$ gehörendes RSA-System, um ein Geheimnis s zu verschlüsseln. Dann sendet sie m an Bob. Dieser berechnet einen quadratischen Rest $z = x^2 \bmod m$ und gibt z zurück. Alice benutzt nun ihre Kenntnis der Faktorisierung von m, um eine Quadratwurzel y von z zu berechnen, und schickt diese an Bob.

Da es zu jedem quadratischen Rest modulo m genau vier Quadratwurzeln, nämlich $a, -a$ sowie $b, -b$ gibt, ist die Wahrscheinlichkeit, dass Bob eine Wurzel der Form $y = \pm x$ erhält, genau $1 \backslash 2 \frac{1}{2}$. In diesem Fall kann er nichts Neues berechnen.

Mit Wahrscheinlichkeit $\frac{1}{2}$ erhält Bob aber eine Quadratwurzel, die nicht gleich x oder $-x$ ist. In diesem Fall gilt

$$(x + y)(x - y) \equiv x^2 - y^2 \equiv 0 (\bmod m)$$

das heißt, dass $x + y$ und $x - y$ zwei nichttriviale Teiler von m sind. Indem Bob also mit dem Euklidischen Algorithmus $ggT(x + y, m) \in \{p, q\}$ berechnet, kann er m faktorisieren und das RSA-System brechen.

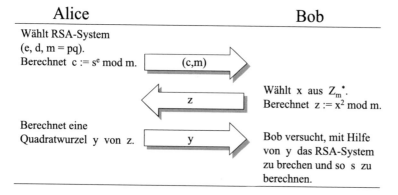

Abb. 7.16 Implementierung von Oblivious Transfer mit RSA

Bob kann also genau mit Wahrscheinlichkeit $1/2$ das Geheimnis s berechnen. Wir fassen diese Implementierung von Oblivious Transfer in Abb. 7.16 zusammen.

7.3.5.2 1-aus-2-Oblivious Transfer

Die hier wiedergegebene Implementierung für OT_2^1 stammt von Salomaa [Sal90] und verwendet die diskrete Exponentialfunktion in $\mathbb{Z}_p^*$ zur Basis g.

Sei c ein Element aus $\mathbb{Z}_p^*$, dessen diskreter Logarithmus unbekannt ist. Alice bietet zwei Geheimnisse s_0 und s_1 an. Möchte Bob die Nachricht s_1 erhalten, so wählt er eine zufällige Zahl x aus $\mathbb{Z}_p^*$ und berechnet

$$\beta_1 = g^x, \beta_0 = c(g^x)^{-1}$$

Er merkt sich den diskreten Logarithmus x von β_1, kann aber den diskreten Logarithmus von β_0 nicht berechnen. Anschließend sendet er (β_0, β_1) an Alice. Sie überprüft, ob die beiden Zahlen korrekt gebildet wurden, also ob

$$\beta_0 \beta_1 = c$$

ist. Dann verschlüsselt sie beide Geheimnisse s_0 und s_1, indem sie zunächst zwei Zahlen y_0 und y_1 zufällig wählt, dann

$$\gamma_j = \beta_j^{y_j}$$

und schließlich

$$r_j = s_j + y_j$$

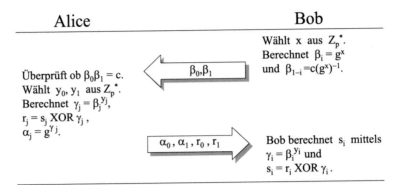

Abb. 7.17 Implementierung von 1-aus-2-Oblivious Transfer mithilfe des diskreten Logarithmus

berechnet. Um Bob die Möglichkeit zu geben, das von ihm ausgewählte Geheimnis s_1 zu entschlüsseln, muss Alice noch zwei Schlüssel mitgeben:

$$\alpha_j = g^{y_j}$$

Bob kann nun genau das Geheimnis s_1 lesen, indem er zunächst

$$\alpha_1^x = g^{xy_1} = \beta_1^{y_1} = \gamma_1$$

berechnet und dann

$$s_j = r_j - \gamma_j$$

erhält.

Alice weiß nicht, welches Geheimnis Bob gewählt hat, da sie x nicht kennt und daher β_0 und β_1 für sie gleich aussehen (Abb. 7.17).

7.4   Quantenkryptographie

In der Kryptographie unterscheidet man zwischen „aktiven" und „passiven" Angriffen auf den Übertragungskanal; dabei kann die aktive Beeinflussung der übertragenen Informationen durch kryptographische Authentifikationsverfahren und das passive Abhören durch Verschlüsselungsverfahren verhindert werden. Da aber in der klassischen Kryptologie die Tatsache des Belauschens – gleichgültig ob erfolgreich oder nicht – dem Sender und Empfänger verborgen bleibt, besteht dadurch ein prinzipieller Risikorest bei jedweder Art von vertraulicher Übertragung.

Die von den Computerwissenschaftlern Charles H. Bennett und Gilles Brassard seit 1982 entwickelte Quantenkryptographie [BBBW82] löst dieses Problem, indem sie sich das fundamentale Prinzip der Quantentheorie, die Heisenbergsche Unschärferelation, zunutze macht. Demzufolge ruft jede Messung an einem quantenmechanischen System eine Störung desselben hervor. Insbesondere verbietet sie die gleichzeitige Messung so genannter komplementärer Paare wie etwa Zeit und Energie oder Ort und Impuls von Teilchen. Die Messung der einen Eigenschaft zerstört die (vollständige) Messung der anderen. Detaillierte Darstellungen der Quantenkryptographie kann man beispielsweise in [BB84, BB85, Bra88, BBE92] finden.

Bei der Quantenkryptographie wird polarisiertes Licht für die Informationsübertragung verwendet. Photonen, also Lichtquanten, schwingen senkrecht zu ihrer Ausbreitungsrichtung in bestimmten Richtungen; dieses Phänomen nennt man **Polarisation**. Durch Polarisationsfilter (ähnlich wie bei Sonnenbrillen) lassen sich wohlbestimmte Richtungen gewinnen und auch wieder bestimmen. Allerdings wird die Durchlasswahrscheinlichkeit für ein Photon verringert, wenn das Filter nicht *im Voraus* auf die korrekte Schwingungsrichtung des Photons eingestellt wurde.

Zwischen Sender und Empfänger sei nun ein Übertragungskanal für solche Photonen, ein **Quantenkanal,** aufgebaut. Der Sender übermittelt Photonen bestimmter Polarisationsrichtungen und der Empfänger misst diese mit seinem Filter. Man kann dazu einen doppelbrechenden Kristall (z. B. Kalkspat) verwenden, der zwischen horizontal und vertikal polarisierten Photonen eindeutig zu unterscheiden vermag: Horizontal polarisierte Photonen (0 Grad) werden geradlinig durchgelassen, vertikal polarisierte Photonen (90 Grad) werden in eine bestimmte Richtung abgelenkt (Abb. 7.18). Das entscheidende ist, dass schräg polarisiertes Licht (45 Grad oder 135 Grad) zufällig entweder horizontal oder vertikal umpolarisiert und abgelenkt wird. Um die schräg einfallenden Polarisationen exakt messen zu können, muss das Filter um 45 Grad gedreht werden.

Die Vereinbarung geheimer Informationen zwischen Sender und Empfänger verläuft nach folgendem Schema:

- Der Sender erzeugt zunächst Photonen mit Polarisation, die in zufälliger Weise die Werte 0, 45, 90, 135 Grad annehmen können, und übermittelt diese Folge dem Empfänger.
- Der Empfänger wählt für jedes eintreffende Photon zufällig die Anordnung seines Filters, mit dem er entweder innerhalb der geraden Richtungen (0 und 90 Grad) oder innerhalb der schrägen Richtungen (45 und 135 Grad), *aber nie bei beiden Richtungstypen zugleich exakt*

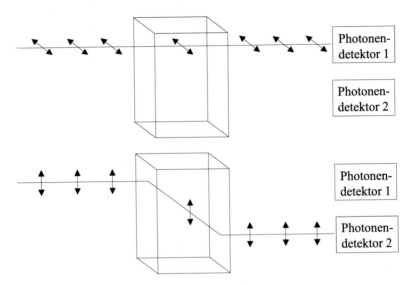

Abb. 7.18 Messanordnung für polarisiertes Licht. *Horizontal polarisiertes Licht tritt ungebrochen hindurch, vertikal polarisiertes Licht wird abgelenkt. Mit einem Photonendetektor kann festgestellt werden, welche Polarisation einfallendes Licht hat*

messen kann. Gerade und schräge Polarisation sind nämlich im Sinne der Unschärferelation zueinander komplementär.

- Der Empfänger teilt dem Sender über einen öffentlichen Kanal mit, wie sein Filter bei den einzelnen gemessenen Photonen eingestellt war, worauf der Sender ihm meldet, welche Stellungen die richtigen waren. Die jeweiligen (richtigen) Messergebnisse halten sie jedoch beide geheim.
- Aus den nur dem Sender und Empfänger bekannten, sonst aber geheimen Richtungen können sie eine Bitfolge definieren, indem sie z. B. 0 und 135 Grad als Null und 90 und 45 Grad als Eins festlegen.

Da die Filteranordnung des Empfängers nur in der Hälfte der Fälle mit der Polarisation der Photonen übereinstimmt, wird nur die Hälfte aller Photonen richtig gemessen (Abb. 7.19).

Jeder Versuch eines Angreifers, im Quantenkanal die Polarisation eines Photons zu messen, würde bei richtig eingestelltem Filter des Angreifers die korrekte Polarisation wiedergeben und die Polarisation des Photons nicht verändern. Bei falsch eingestelltem Filter würde durch den Messprozess die *Polarisation aber unwiederbringlich zerstört* werden. Durch diesen doppelten Messprozess würde der Empfänger nur ein Viertel aller Photonen richtig messen.

Polarisationsrichtungen der Photonen

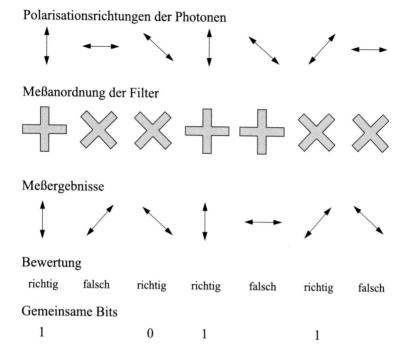

Meßanordnung der Filter

Meßergebnisse

Bewertung

| richtig | falsch | richtig | richtig | falsch | richtig | falsch |

Gemeinsame Bits

| 1 | | 0 | 1 | | 1 | |

Abb. 7.19 Schlüsselvereinbarung mithilfe der Quantenkryptographie

Ungewöhnlich ist, dass die Informationen, die durch Polarisationsrichtungen repräsentiert sind, mit dieser Technik zum vertraulichen Informationsaustausch gar nicht chiffriert oder auch nur durch Einwegfunktionen verdeckt werden, sondern offen übertragen werden. Sender und Empfänger überzeugen sich vielmehr davon, welche Informationen garantiert nicht abgehört wurden.

Damit ist die Quantenkryptographie auch gegenüber Angreifern mit unbeschränkten Ressourcen (Rechenzeit und Speicherplatz) sicher. Und diese „absolute" Sicherheit kann auch bewiesen werden.

Es liegt nahe, wegen des vergleichsweise hohen technologischen Aufwands, dieses Verfahren nur zum Schlüsselaustausch oder für Bit-Commitmentverfahren anzuwenden. In einer weiteren Anwendung der Quantenkryptographie kann ein Empfänger einer Nachricht nachweisen, an einem bestimmten Ort zu sein, nur an diesem er die Nachricht lesen kann.

Wie beschrieben benutzen Sender und Empfänger auch einen offenen Kanal (zum Austausch der Filterstellungen), der gegen eine „man-in-the-middle-attack" geschützt werden muss. Der Angreifer täuscht dabei vor, dass sich ein durch Abhören „verrauschter" Schlüssel sich trotzdem in seinem

Ausgangszustand befindet. Ein System, das über eine längere Zeit läuft, wäre dadurch angreifbar.

Die ersten Prototypen dieser Quantentechnik hatten eine Reichweite von nur etwa 30 cm. Inzwischen ist die Reichweite auf 100 bis 200 km angewachsen, obwohl die Fehlerrate der Übertragung mit der Länge der Strecke zunimmt. Es ist sogar gelungen, Quantendaten zwischen einem Flugzeug, also einem sich schnell bewegenden Objekt, und einer Bodenstation zu übertragen.

7.5 Blockchains und Kryptowährungen

Seit dem Höhenflug des Bitcoin-Kurses sind **Blockchain**-Technologien in aller Munde. Verschiedenste Ansätze werden hier unter einem Schlagwort zusammengefasst, aber nur die **Proof-of-Work**-basierten Blockchains (**PoW**) sind wirklich gut untersucht. Wir werden uns in diesem Abschnitt daher auf die Sicherheitsmechanismen für PoW-Blockchains wie Bitcoin und Ethereum beschränken.

7.5.1 Blockchain

Im Abschnitt zu elektronischen Wahlen haben wir die Existenz eines öffentlich zugänglichen Speichermediums, der Tafel T, vorausgesetzt, auf das Werte geschrieben, aber nicht gelöscht werden können. Eine Möglichkeit, ein solches Speichermedium zu realisieren, ist eine Blockchain (Abb. 7.20).

Eine Blockchain besteht aus einzelnen Datenblöcken, die miteinander verkettet werden, indem jeweils der Hashwert des vorangehenden Blocks im aktuellen Block mit abgespeichert wird.

Dies hat zu Folge, dass man Daten in einem Block n nicht einfach löschen oder verändern kann, denn dadurch würde der Hashwert des Blocks n nicht mehr mit dem in Block n + 1 abgespeicherten Hashwert übereinstimmen. Möchte ein Angreifer also auch nur einen einzigen Wert

Abb. 7.20 Schematische Darstellung einer Blockchain. Der Hashwert des vorangehenden Blockes ist im aktuellen Block enthalten

in der Blockchain abändern, so müsste er alle nachfolgenden Blöcke neu berechnen.

Im Prinzip wäre dies einfach zu bewerkstelligen, da Hashwerte leicht und schnell zu berechnen sind – es gibt hier ja keinerlei kryptographische Schlüssel, die dies verhindern würden. Um eine Abänderung und Neuberechnung einer Blockchain unmöglich zu machen, gibt es daher einen Trick: Bei jeder Berechnung eines Hashwerts muss ein **Client Puzzle** [JB99] gelöst werden, und nur, wenn dieses Puzzle korrekt gelöst wurde, ist der Hashwert gültig.

Das Client Puzzle für Bitcoin [Nak21] besteht darin, den neuen Block B_{n+1} so zu wählen, dass sein Hashwert kleiner als ein bestimmter Schwellwert S ist. Für die Bitcoin-Blockchain wird der Hashwert eines Blockes durch zweimalige Anwendung der Hashfunktion SHA-256 ermittelt. Damit ein Block gültig im Sinne des erfolgreich gelösten Client Puzzles ist, muss also gelten

$$\text{SHA-256}(\text{SHA-256}(B_{n+1})) < S$$

Der Schwellwert S wird regelmäßig an die im Bitcoin-Netzwerk verfügbare Rechenleistung angepasst. Bei erhöhter Rechenleistung wird er verkleinert und das Lösen des Puzzles wird schwieriger, bei geringerer Rechenleistung wird er vergrößert und das Lösen wird einfacher.

Um das Client Puzzle überhaupt lösbar zu machen, muss ein neuer Block einen variablen Wert enthalten. In der Bitcoin-Blockchain ist dies eine Zufallszahl (Abb. 7.21). Durch Variieren dieser Zufallszahl verändert sich auch der Hashwert. Diese Veränderungen sind allerdings nicht vorhersagbar – bei Änderung der Zufallszahl ändert sich der Hashwert pseudozufällig. Ob das Puzzle gelöst wird, kann nicht durch Wahl der Zufallszahl gesteuert werden, sondern es ist ein Zufallsexperiment – Man muss dieses Experiment oft wiederholen, damit der Erfolgsfall eintreten kann.

Viele **Bitcoin-Miner** versuchen gleichzeitig, ein vorgegebenes Client Puzzle zu lösen. Dazu ist viel Rechenleistung erforderlich, denn der Hashwert muss

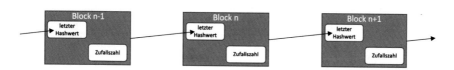

Abb. 7.21 Blockchain mit variablen Daten, um eine Lösung des Client Puzzle zu ermöglichen

immer wieder neu berechnet werden. SHA-256 hat eine Ausgabelänge von 256 Bit. Setzen wir z. B. $S = 2^{200}-1$, so löst ein Hashwert genau dann das Client Puzzle, wenn die ersten 56 Bit den Wert 0 haben. Im Schnitt muss man dazu die doppelte SHA-256-Hashfunktion $2^{55} = 36.028.797.018.963.968$ mal mit unterschiedlichen Zufallszahlen auswerten.

7.5.2 Kryptowährungen

Client Puzzles zu lösen erfordert viel Rechenaufwand, und neben den Kosten für Spezialhardware entstehen enorme Stromkosten: Im Februar 2021 wurde der jährliche Stromverbrauch des Bitcoin-Netzwerks auf 120 TWh geschätzt [Nak21], das ist ungefähr der Stromverbrauch von Argentinien.

Um einen Ansatz zur Erbringung dieser Rechenleistung zu setzen, wurde Kryptowährungen eingeführt. Mit dem Bitcoin-System werden gleichzeitig neue Bitcoins erzeugt und existierende Bitcoins umverteilt. Für jeden neu erzeugten Block, also für jede erfolgreiche Lösung des Client Puzzle, werden dem erfolgreichen Miner 6,25 Bitcoin (Stand 2021) gutgeschrieben. Durch dieses Mining sind alle verfügbaren Bitcoin erzeugt worden.

Eine Kryptowährung macht wenig Sinn, wenn man damit nichts kaufen kann. Man muss also Bitcoins auch überweisen können, und dies geschieht mittels **Transaktionen.**

Bankkonten sind in der Regel Personen, Vereinen oder Firmen zugeordnet; um eine Konto zu eröffnen, verlangt die Bank eine Identifizierung über Personalausweis, Vereinsregister oder Handelsregister. Eine Überweisung erfolgt also von Identität zu Identität.

Bitcoin-Guthaben sind dagegen Pseudonymen zugeordnet, die sich aus einem öffentlichen Signaturschlüssel ableiten lassen. Eine Bitcoin-Überweisung oder Transaktion besteht in der Absichtserklärung, einen bestimmten Bitcoin-Betrag (z. B. 0,01 BTC) von einem Pseudonym A an ein Pseudonym B zu übertragen. Diese Absichtserklärung muss authentisch sein, daher wird sie mit dem privaten Schlüssel, der zu Pseudonym A gehört, signiert. Diese Absichtserklärung ist eine noch unbestätigte Transaktion, d. h. der Bitcoin-Betrag gilt als noch nicht überwiesen. Sie wird an alle Bitcoin-Miner übermittelt und landet so im Pool der unbestätigten Transaktionen.

Aus diesem Pool wählt jeder Bitcoin-Miner eine Menge von Transaktionen aus. Sie tun dies, weil sie im Erfolgsfall, also wenn sie das Client Puzzle vor allen anderen Minern lösen können, nicht nur die 6,25 BTC Mining-Vergütung erhalten, sondern auch eine Transaktions-Gebühr erhält, die vom Absender der Transaktion festgelegt werden kann. Diese Gebühr beträgt mindestens 0,00.001 BTC, höhere Gebühren sorgen aber dafür, dass eine Transaktion durch Aufnahme in die Blockchain schneller bestätigt wird.

Bei der Auswahl der Transaktionen muss ein Miner sorgfältig vorgehen. Er wird in der Regel die Transaktionen aus dem Pool auswählen, die die höchsten Transaktionsgebühren ausgewiesen haben. Darüber hinaus muss er aber auch prüfen, ob die Transaktionen gültig sind, d. h. ob auf dem Bitcoin-Konto von Pseudonym A noch hinreichend viele BTC sind, um die Transaktion auch tatsächlich durchführen zu können. Durch diese Prüfung wird das Problem des ‚Doublespending' gelöst. Enthält ein Block eine ungültige Transaktion, so kann der ganze Rechenaufwand, der in das Lösen des Client Puzzle gesteckt wurde, umsonst gewesen sein.

Nach Auswahl der Transaktionen berechnet der Miner einen Hashbaum (Abb. 7.22). Hierbei werden zunächst die Hashwerte H_X der einzelnen Transaktionen T_X berechnet, und dann diese Hashwerte H_X und H_Y wieder gehasht zu H_{XY}, bis am Ende nur noch ein Hashwert übrigbleibt, der jetzt von allen ausgewählten Transaktionen abhängt. Dieser finale Hashwert wird mit in den Block geschrieben und fließt mit in die Lösung des Client Puzzle ein.

Nach Lösen des Client Puzzle sendet der Miner den von ihm erzeugten Block B_{n+1} an alle andern Miner, die den Block prüfen und bei Gültigkeit in ihre jeweils lokal gespeicherte Blockchain aufnehmen. Alle anderen Miner beenden dann ihre eigenen Mining-Aktivitäten für Block B_{n+1}, und wenden sich Block B_{n+2} zu. Die in Block B_{n+1} aufgenommenen Transaktionen gelten dann als bestätigt, und der jeweilige Bitcoin-Betrag als überwiesen.

Es kann passieren, dass zufälligerweise zwei Miner ungefähr zur gleichen Zeit eine Lösung des Client Puzzle finden. Dann ist unklar, wer die

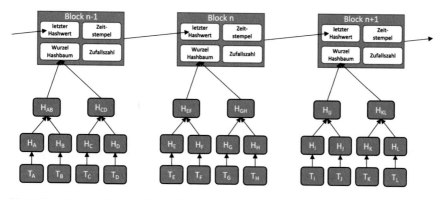

Abb. 7.22 Blockchain mit Transaktionen, die durch Aufnahme in die Blockchain bestätigt werden

Vergütung erhalten und welche Transaktionen als bestätigt gelten sollen. Es gibt nun also zwei Blocks B_{n+1} und B'_{n+1}, die beide unterschiedliche Transaktionen enthalten können, und die beide gültig sind. In diesem Fall muss sich jeder Miner zufällig entscheiden, welchen der beiden Blöcke er in seine eigene lokale Blockchain aufnehmen will, da er den Hashwert dieses Blockes ja für das Mining von Block B_{n+2} benötigt.

Letztendlich entscheidet wieder ein Zufallsexperiment darüber, welcher der beiden Blöcke übernommen wird und wer letztendlich die Vergütung erhält: Wird die Erzeugung des ersten gültigen Blocks B_{n+2} gemeldet, so kann jeder Miner überprüfen, ob zur Erzeugung dieses Blocks B_{n+1} oder B'_{n+1} verwendet wurde. Der verwendete Block gewinnt das Zufallsexperiment, und die längste Kette in der Blockchain legt die tatsächlich gültigen Transaktionen fest.

Literatur

[BAN89]   Burrows, M., Abadi, M., Needham, R.M.: A Logic of Authentication Rep. 39. Digital Equipment Corporation Systems Research Center. Palo Alto, Calif. (1989)

[BAN90]   Burrows, M., Abadi, M., Needham, R.M.: A Logic of Authentication. ACM Transactions on Computer Systems **8**(1), 18–36 (1990)

[BB84]   Bennet, C.H., Brassard, G.: Quantum Cryptography: Public Key Distribution and Coin Tossing. Proc. IEEE Conf. on Computers, Systems and Signal Processing, 175–179, Bangalore (1984)

[BB85]   Bennet, C.H., Brassard, G.: An Update on Quantum Cryptography. CRYPTO '84 LNCS, Bd. 196, S. 475–480, Springer (1985)

[BBE92]   Bennet, C.H., Brassard, G., Ekert, K.: Quanten-Kryptographie. Zeitschrift Spektrum der Wissenschaft, Heft 12, 96–104 (1992)

[Bra88]   Brassard, G.: Modern Cryptology. Springer LNCS 325

[Cre87]   Crepeau, C.: Equivalence between two flavours of Oblivious Transfer. Proc. CRYPTO '87, Springer LNCS **293**, 350–354

[EGL85]   Even, S., Goldreich, O., Lempel, A.: A randomized protocol for signing contracts. Comm. ACM **28**(6), 637–647 (1985)

[IPSec5]   IPSec Working Group (ipsec). http://www.ietf.org/html.charters/ OLD/ipsec-charter.html

[Kil88]   Kilian, J.: Founding Cryptography on Oblivious Transfer. Proceedings of the 20th Annual symposiu on Theory of Computing, STOC, 20–31, Chicago , Illinois, USA (1988)

[KMM94]   Kemmerer, R., Meadows, C., Millen, J.: Three Systems for Cryptographic Protocol Analysis. J. Cryptology 7(2), 79–130 (1994)

[KNT91]   Kohl, J.-T., Neuman, B.C., Ts'o, T.Y.: The Evolution of the Kerberos Authentication Service. Proc: EurOpen Conference. Tromsø, Norway (1991)

[NS78]   Needham, R.M., Schroeder, M.D.: Using Encryption for Authentication in Large Networks of Computers. Comm. ACM 21(12), 993–999 (1978)

[OR87]   Otway, D., Ries, O.: Efficient and Timely Mutual Authentication. Operating Systems Review 21(1), 8–10 (1987)

[PGP]   Pretty Good Privacy International. http://www.pgpi.com

[Pre93]   Preneel, B.: Standardization of Cryptographic Techniques. In: Preneel, B., Govaerts, R., Vandewalle, J. (Hrsg.) Computer Security and Industrial Cryptography LNCS, Bd. 741, S. 162–173. Springer (1993)

[Sal90]   Salomaa, A.: Public-Key Cryptography. Springer Verlag, Berlin Heidelberg (1990)

[Sim94]   Simmons, G.J.: Cryptanalysis and Protocol Failures. Comm. ACM 37(11), 56–65 (1994)

[Sim94a]   Simmons, G.J.: Proofs of Soundness (Integrity) of Cryptographic Protocols. J. Cryptology 7(2), 69–77 (1994)

[SMIME]   IETF S/MIME Mail Security (smime) working group, RFC 2311, 2312, 2630, 2632. http://www.ietf.org/html.charters/smime-charter.html

[TLS]   IETF Transport Layer Security (tls) working group, The TLS Protocol Version 1.0 (RFC2246). http://www.ietf.org/html.charters/tls-charter.html

[TMN90]   Tatebayashi, M., Matsuzaki, N., Newman, D.B.: Key Distribution Protocol for Digital Mobile Communication Systems. CRYPTO '89, Springer LNCS 435, 324–333

[X.509]   ITU-T Recommendation X.509) | ISO/IEC 9594–8:1997, Information technology – Open Systems Interconnection – The Directory: Authentication framework (1997)

[BBBW82]   Charles H. Bennett., Gilles Brassard., Seth Breidbart., Stephen Wiesner.: Quantum Cryptography, or Unforgeable Subway Tokens. Proceedings of CRYPTO 82, Santa Barbara, CA, USA, 267–275 (1982)

[JB99]   Ari Juels., John G. Brainard.: Client Puzzles: A Cryptographic Countermeasure Against Connection Depletion Attacks. Proceedings of the Network and Distributed System Security Symposium, NDSS (1999), San Diego, California, USA

[Nak21]   Satoshi Nakamoto.: Bitcoin: A Peer-to-Peer Electronic Cash System. https://bitcoin.org/bitcoin.pdf (2008). Abgerufen am 15. Juli 2021

[CCAF]   Cambridge Center for Alternative Finance. https://cbeci.org

[Sch20]   Jörg Schwenk.: Sicherheit und Kryptographie im Internet, 5. Aufl. Springer Verlag, Heidelberg (2020)

[SMCB12]   Benedikt Schmidt, Simon Meier, Cas J. F. Cremers, David A. Basin.: Automated Analysis of Diffie-Hellman Protocols and Advanced Security Properties. 25th IEEE Computer Security Foundations Symposium CSF, 78–94, Cambridge, MA, USA, (2012)

[Cver]   https://prosecco.gforge.inria.fr/personal/bblanche/cryptoverif/

Weiterführende Literatur

[CRN09]   Craig Century: A Fully Homomorphic Encryption Scheme; Stanford Crypto Group, 1. August 2009, S. 169–178

[FRA16]   Fraunhofer FOKUS Kompetenzzentrum Öffentliche IT: Das ÖFIT-Trendsonar der IT-Sicherheit-Homomorphe Kryptographie, April 2016

[RSA78]   Rivest, R.,Shamir, A.,Adleman, L.: A Method for Obtaining Digital Signatures and Public Key Cryptosystems. Comm. ACM **21**(2), 120–126 (1978)

8

Pairing-basierte Kryptosysteme

8.1 Elliptische Kurven in der Kryptographie

Eine elliptische Kurve ist eine Menge von Punkten (x,y) mit Werten aus einem (mathematischen) Körper K, die eine kubische Gleichung der folgenden Form erfüllen:

$$y^2 = x^3 + ax + b$$

Über dem Körper $K = \mathbb{R}$ der reellen Zahlen bilden diese Punkte eine Kurve in der reellen Ebene (vgl. Abb. 8.1). Diese Kurve ist keine Ellipse, sondern ein viel komplexeres, und damit interessanteres Gebilde.

Der besondere Nutzen von elliptischen Kurven in der Kryptographie besteht darin, dass sich auf dieser Punktemenge eine algebraische „Gruppe" definieren lässt.

Sei G die Punktmenge einer elliptischen Kurve EC, vereinigt mit dem „Punkt im Unendlichen" P∞. Man definiert die Gruppenoperation, die üblicherweise als Punktaddition bezeichnet wird, wie folgt (vgl. Abb. 8.1):

- Um die Summe zweier Punkte P und Q zu berechnen, zeichne eine Gerade durch P und Q (falls P = Q, zeichne die Tangente an EC durch P).
- Finde den dritten Schnittpunkt R dieser Gerade mit der Kurve EC. (Falls die Gerade parallel zur y-Achse ist, so ist dieser Schnittpunkt als P∞ definiert.

© Der/die Autor(en), exklusiv lizenziert an Springer-Verlag GmbH, DE, ein Teil von Springer Nature 2022
A. Beutelspacher et al., *Moderne Verfahren der Kryptographie*,
https://doi.org/10.1007/978-3-662-65718-8_8

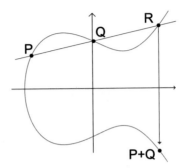

Abb. 8.1 Punktaddition auf einer elliptischen Kurve

- Die Summe P + Q ist der Punkt von EC, der durch Spiegelung von R an der x-Achse entsteht.

Diese Konstruktion, die für K = R sehr anschaulich ist, kann dadurch algebraisch ausgedrückt werden, dass man die Koordinaten des Punktes P + Q durch die Koordinaten der Punkte P und Q ausdrückt. Damit kann diese Konstruktion auf jeden Körper übertragen werden, insbesondere auch auf endliche Körper $\mathbb{Z}_q$. Elliptische Kurven über $\mathbb{Z}_q$ enthalten ungefähr q Punkte und sind in der Regel zyklische Gruppen, das heißt, dass sie von einem Element erzeugt werden. Durch Variieren der Parameter a und b der elliptischen Kurve ändert sich die Gruppengröße, und für Anwendungen in der Kryptographie versucht man, Kurven mit genau q Punkten zu finden.

Zur Durchführung der Berechnungen für die Diffie-Hellman-Schlüsselvereinbarung, für die ElGamal Verschlüsselung und Signatur, für den DSA, und viele weitere Algorithmen wird nur eine einzige Gruppenoperation benötigt. In zyklischen Untergruppen eines endlichen Körpers ist dies die Multiplikation, in elliptischen Kurven kann dafür die Punktaddition verwendet werden. Alle diese kryptographischen Verfahren sind daher einfach auf elliptische Kurven übertragbar.

Der Grund für die Nutzung von elliptischen Kurven in der Kryptographie liegt an der Tatsache, dass man heute für diese Gruppen nur generische Algorithmen zur Berechnung des diskreten Logarithmus kennt (z. B. den Baby-Step-Giant-Step-Algorithmus oder die Pollard-Rho-Methode) und dass diese eine Komplexität von $O(|G|^{1/2})$ haben.

Es wird empfohlen q in der Größenordnung von 160 Bit zu wählen. Dann braucht man für die Berechnung des diskreten Logarithmus einer elliptischen Kurve über Z_q etwa $O(2^{80})$ Rechenschritte. Dies ist ein großer Vorteil gegenüber der Verwendung zyklischer Untergruppen eines endlichen Körpers $\mathbb{Z}_p$ der gleichen Ordnung, da es hier wesentlich effizientere Algorithmen gibt (z. B. den Index Calculus-Algorithmus).

Mithilfe von elliptischen Kurven war es aber auch möglich, einen neuen, interessanten Grundbaustein für die moderne Kryptographie zu konstruieren, die so genannten bilinearen Abbildungen oder Pairings. Mit seiner Hilfe war es möglich, bekannte Probleme einfach und effizient zu lösen.

8.2   Die Gap-DH-Annahme

Die Diffie-Hellman-Schlüsselvereinbarung (vgl. Abschn. 3.4) funktioniert in jeder mathematischen Gruppe. Sie ist aber nur in denjenigen Gruppen sicher, in denen die Computational Diffie-Hellman-Annahme (CDH) gilt.

> **Definition (CDH)**
>
> Gegeben seien eine zyklische Gruppe $G = \langle g \rangle$ und Werte g^a und g^b aus G. Wir sagen dass die CDH-Annahme in G gilt wenn es für jeden polynomial beschränkten Angreifer praktisch unmöglich ist, den Wert g^{ab} zu berechnen.

Da man in der theoretischen Informatik gerne mit 0/1-Werten (TRUE/ FALSE) arbeitet, gibt es neben der CDH-Annahme auch noch eine stärkere Decisional Diffie-Hellman-Annahme (DDH). Gegeben sei ein Quadrupel $\left(g, g^a, g^b, g^r\right)$. Es gilt nun zu entscheiden, ob $r = ab \bmod |\langle g \rangle|$ gilt oder nicht. Dazu muss der Angreifer, nachdem er einige Berechnungen angestellt hat, eine Vermutung ausgeben: 0 (FALSE) bedeutet, dass $r \neq ab$ gilt, 1 (TRUE) bedeutet, dass $r = ab$ gilt.

> **Definition (DDH)**
>
> Wir sagen, dass die DDH-Annahme in $G = \langle g \rangle$ gilt, wenn für jeden polynomial beschränkten Angreifer die Wahrscheinlichkeit, dass seine Vermutung richtig ist, beliebig nahe bei 1/2 liegt.

Diese Definition muss in zwei Punkten näher erläutert werden. Zunächst einmal können wir nicht fordern, dass es für jeden Angreifer „praktisch unmöglich" ist, eine korrekte Vermutung auszugeben: er kann ja einfach raten, und dann liegt er mit Wahrscheinlichkeit 1/2 richtig.

Für die Formulierung „beliebig nahe" müssen wir weiterhin berücksichtigen, dass die meisten Sicherheitsdefinitionen in der Kryptographie (auch das „praktisch unmöglich") asymptotisch zu verstehen sind. Dies ist sinnvoll, da die Rechenleistung aktueller Computer ständig wächst: es kann daher keine absoluten Zahlenwerte dafür geben, was als sicher anzusehen ist und was nicht.

Das einfachste Beispiel für diese Denkweise ist die Schlüssellänge von Verschlüsselungsverfahren: Während im Jahr 1978 eine Schlüssellänge von 56 Bit für DES und von 512 Bit für RSA absolut angemessen waren (und diese beiden Algorithmen mit dieser Schlüssellänge als sicher galten), sind diese Parameter mit heutigen Rechnern und Algorithmen einfach zu brechen. Die Lösung ist ebenso einfach: AES verwendet Schlüssel der Länge 128 Bit, und für RSA werden Schlüssel der Länge größer 1024 Bit eingesetzt. Die Sicherheit eines Verfahrens kann also an die höhere Rechenleistung und die verbesserten Algorithmen angepasst werden, indem der Parameter Schlüssellänge asymptotisch gegen Unendlich verschoben wird.

Für die DDH-Definition bedeutet dies, dass wir z. B. durch Wahl einer größeren Gruppe G die Erfolgswahrscheinlichkeit eines Angreifers immer näher an den Wert 1/2 heranbringen können.

Lange Zeit war es unklar, ob diese beiden Annahmen gleich stark sind, d. h. ob in jeder Gruppe, in der die CDH-Annahme gilt, auch die DDH-Annahme gültig ist. Andersrum formuliert wurde daraus die gap-DH-Annahme („gap" bedeutet im Englischen „Lücke").

> **Definition (gap-DH)**
>
> Wir sagen, dass in einer Gruppe G die gap-DH-Annahme gilt, wenn für jedes Quadrupel $\left(g, g^a, g^b, g^r\right)$ leicht entschieden werden kann, ob $r = ab \bmod |G|$ gilt oder nicht, es aber trotzdem praktisch unmöglich ist, aus g^c und g^d den Wert g^{cd} zu berechnen.

Im Jahr 2001 wurde diese offene Frage von Dan Boneh und Matthew Franklin [BF01] beantwortet: Sie konstruierten mithilfe der in der Mathematik schon länger bekannten „Weil-Paarung" eine bilineare Abbildung von $G_1 \times G_1$ nach G_2, mit deren Hilfe sie das DDH-Problem in G_1 lösen können. Die CDH-Annahme bleibt für G_1 aber weiterhin gültig.

Diese Konstruktion erwies sich als Glücksfall für die moderne Kryptographie: sie erlaubte (darin vergleichbar mit den Zero-Knowledge-Beweisen und der Fiat-Shamir-Heuristik aus den Jahren 1985 und 1986) eine Fülle neuer Konstruktionen und damit neuer Lösungen für kryptographische Probleme.

8.3 Bilineare Abbildungen

Es gibt viele Beispiele für „bilineare Abbildungen" in der Mathematik. Wir sind hier an speziellen Abbildungen zwischen Gruppen von Primzahlordnung interessiert.

Definition (Bilineare Abbildung)

Seien G_1 und G_2 zwei (zyklische) Gruppen der Ordnung q, für eine große Primzahl q. Eine bilineare Abbildung $e: G_1 \times G_1 \to G_2$ ist eine Abbildung, die die folgenden Bedingungen erfüllt:

- Bilinearität: $e\left(g^a, h^b\right) = e(g, h)^{ab}$
- Nicht-Degeneriertheit: Es gibt mindestens ein Paar (g, h) von Elementen aus $G_1 \times G_1$, das nicht auf das neutrale Element 1_2 aus G_2 abgebildet wird.
- Berechenbarkeit: Es gibt einen effizienten Algorithmus, um $e(g, h)$ für beliebige Werte $\langle\langle g, h \rangle\rangle$ aus G_1 zu berechnen.

Typischerweise ist G_1 eine Gruppe, die mithilfe einer elliptischen Kurve definiert wird, und G_2 ist eine Untergruppe von $\mathbf{Z}_p$. Beide Gruppen haben die prime Ordnung q.

Bekannte Beispiele für bilineare Abbildungen wurden mithilfe von Weil- und Tate-Pairings konstruiert. Die zugrunde liegende mathematische Theorie ist viel zu komplex, um hier dargestellt zu werden. Man muss sie glücklicherweise nicht verstehen, um mit bilinearen Abbildungen arbeiten zu können.

Kann man eine bilineare Abbildung, die der obigen Definition genügt, konstruieren, so kann man zunächst das DDH-Problem in G_1 elegant lösen:

- Gegeben sei das Quadrupel $\left(g, g^a, g^b, g^r\right)$ mit Elementen aus G_1.
- Berechne $A = e\left(g^a, g^b\right) = e(g, g)^{ab}$ und $B = e(g, g^r) = e(g, g)^r$
- Ist $A = B$, so gilt $r = ab \bmod q$

Außerdem kann man die Diffie-Hellman-Schlüsselvereinbarung leicht auf 3 Parteien A, B und C erweitern [Jou00]:

- A wählt eine zufällige Zahl a zwischen 0 und $q-1$, berechnet g^a und sendet diesen Wert an B und C.
- B und C verfahren analog und senden die Werte g^b bzw. g^c an die beiden anderen Teilnehmer.
- A berechnet den gemeinsamen Schlüssel als $k = e\left(g^b, g^c\right)^a = e(g, g)^{abc}$
- B und C verfahren analog.

Warum sind bilineare Abbildungen so nützlich? Eine mögliche intuitive Antwort darauf ist die Beobachtung, dass sie es erlauben, einmal CDH zu „brechen", aber nicht in G_1, sondern in G_2. Das scheint gerade genug zu sein, um viele nützliche Konstruktionen zu ermöglichen, aber nicht zu viel, um das Ganze unsicher zu machen. In den nachfolgenden Abschnitten soll dies durch weitere Beispiele illustriert werden.

8.4   Neue Signaturverfahren

Boneh, Lynn und Shacham [BLS04] stellten 2001 ein überraschend einfaches Signaturverfahren vor, das zudem noch sehr kurze Signaturen liefert. Neben einer bilinearen Abbildung benötigen wir nur noch eine Hashfunktion $h : \{0,1\}^* \to G_1$. Der private Schlüssel von Alice ist eine zufällig gewählte Zahl a aus $\{0, \ldots, q-1\}$, und ihr öffentlicher Schlüssel ist das Gruppenelement $A = g^a$ aus G_1. Eine Nachricht m wird signiert, indem $sig(m) := h(m)^a$ berechnet wird. Eine Signatur $sig(m)$ wird durch Überprüfung der folgenden Gleichung verifiziert, da beide Werte gleich $e(g, h(m))^a$ sein müssen:

$$e(g, sig(m)) = e(A, h(m)).$$

Die so berechneten Signaturen sind sehr kurz: Da für G_1 üblicherweise eine Gruppe verwendet wird, die über eine elliptische Kurve definiert ist, können die Gruppenelemente mit nur 160 Bit dargestellt werden. (Zum Vergleich: Der Digital Signature Algorithm über elliptischen Kurven benötigt zwei Gruppenelemente, eine Signatur ist hier also 320 Bit lang.)

8.5 Identitätsbasierte Kryptographie

Den Durchbruch für bilineare Abbildungen in der Kryptographie stellte die bahnbrechende Arbeit von Boneh und Franklin von 2001 dar [BF01], mit der eine lange offene, von Adi Shamir 1984 gestellte Frage beantwortet wurde: Kann man Public-Key-Verschlüsselungsverfahren konstruieren, bei denen jeder mögliche Identitätsstring als öffentlicher Schlüssel für diese Partie verwendet werden kann (also z. B. die Personalausweisnummer oder die Emailadresse einer Person)?

Boneh und Franklin konstruierten ein solches identitätsbasiertes Verschlüsselungssystem mithilfe bilinearer Abbildungen. Dafür wird eine zentrale Stelle benötigt, die aus den öffentlichen Identitätsstrings der Teilnehmer die benötigten privaten Schlüssel berechnet. Diese Stelle wird im Folgenden als PKG („Private Key Generator") bezeichnet.

Öffentliche Parameter Sei $e : G_1 \times G_2 \to G_2$ eine bilineare Abbildung, und sei $g' := e(g, g)$. Ferner benötigen wir zwei Hashfunktionen $h_1 : \{0,1\}^* \to G_1$ und $h_1 : G_2 \to \{0,1\}^*$

Privater Schlüssel des PKG Der PKG wählt eine zufällige Zahl s *aus* $\{0, \ldots .q - 1\}$. Dieses s darf nur dem PKG bekannt sein und ist dessen privater Schlüssel.

Öffentlicher Schlüssel des PKG Der PKG veröffentlicht den Wert $S = g^s$ als seinen öffentlichen Schlüssel.

Die Verschlüsselung von Nachrichten erfolgt ähnlich wie beim ElGamal-Verschlüsselungsverfahren, es fließen aber zwei öffentliche Schlüssel ein: Der öffentliche Schlüssel S des PKG, und der Identitätsstring des Empfängers. Wir wollen die für einen Empfänger namens Bob mit dem öffentlichen Schlüssel bob@example.com erläutern.

Um eine Nachricht m für Bob zu verschlüsseln, wählt Alice einen zufälligen Wert r und berechnet

$$\text{Encrypt}(g, S, \text{bob@example.com}, m)$$

$$= (g^r, m \oplus h_2\big(e\big(h_1(\text{bob@example.com}), S\big)^r\big))$$

$$= (g^r, m \oplus h_2\big(e\big(h_1(\text{bob@example.com}), g\big)^{rs}\big))$$

$$= (R, c)$$

Um diese Nachricht entschlüsseln zu können, benötigt Bob einen privaten Schlüssel. Diesen kann er nicht selbst erzeugen, sondern muss ihn vom PKG erstellen lassen. Dazu werden die Hashfunktion h_1, die den Identitätsstring bob@example.com von Bob in ein Gruppenelement von G1 umwandelt, und der private Schlüssel s des PKG benötigt:

$$sk_{Bob} := h_1(\text{bob@example.com})^s$$

Bob entschlüsselt das Kryptogramm (R, c) nun wie folgt: Zunächst berechnet er

$$(sk_{Bob}, R) = e\big(h_1(\text{bob@example.com}^s), g^r\big) =$$

$$= e(h_1(\text{bob@example.com}), g)^{rs}$$

Wie man leicht sieht, ist dies genau der Wert, mit dem die Nachricht m XOR-verknüpft wurde. Bob kann die Nachricht m also entschlüsseln, indem er berechnet

$$c \oplus e(sk_{Bob}, R) = m$$

8.6 Generischer Einsatz von bilinearen Abbildungen

Alle vorgestellten Algorithmen passen in ein generisches Muster, das wie folgt beschrieben werden kann: Wir haben vier öffentliche Werte A, B, C, D, und zwei geheime Werte x und y. Dann können wir diese Werte über eine bilineare Abbildung in Relation zueinander setzen, indem wir eine Gleichung der Form $e(A, B)^x = eC, D)^y$ auswerten.

Literatur

[BF01]   Boneh, D., Franklin, M.K.: Identity-based encryption from the weil pairing. CRYPTO (2001)

[BLS04]   Boneh, D., Lynn, B., Shacham, H.: Short signatures from the weil pairing. J. Cryptol. **17**, 297–319

[Jou00]   Joux, A.: A One round protocol for tripartite diffie-hellman. algorithmic number theory, Proceedings 4th International Symposium, S. 385–394. ANTS-IV (2000)

9

Mathematische Grundlagen

In diesem Kapitel werden grundlegende mathematische Tatsachen kurz zusammengefasst, die in diesem Buch immer wieder benötigt werden. Wer sich näher über die mathematischen Grundlagen der modernen Kryptographie informieren möchte, der sei auf das Buch von Kranakis [Kra86], sowie auf Darstellungen der Zahlentheorie (zum Beispiel [BRK95]) verwiesen.

9.1 Natürliche Zahlen

Die moderne Kryptographie basiert ganz wesentlich auf endlichen Systemen. Diese werden in der Regel mit natürlichen Zahlen beschrieben. Wir bezeichnen mit $\mathbb{N}$ die Menge der natürlichen und mit $\mathbb{Z}$ die Menge der ganzen Zahlen:

$$\mathbb{N} = \{0, 1, 2, 3, \ldots\}$$

$$\mathbb{Z} = \{\ldots, -3, -2, -1, 0, 1, 2, 3, \ldots\}$$

Wir sagen, dass eine ganze Zahl a eine ganze Zahl b **teilt** (und schreiben dafür $a|b$), wenn es eine ganze Zahl c gibt mit $a \cdot c = b$. Zum Beispiel teilt jede ganze Zahl a die Zahl 0, denn es gilt ja $a \cdot 0 = 0$.

© Der/die Autor(en), exklusiv lizenziert an Springer-Verlag GmbH, DE, ein Teil von Springer Nature 2022
A. Beutelspacher et al., *Moderne Verfahren der Kryptographie*,
https://doi.org/10.1007/978-3-662-65718-8_9

Besonders wichtig sind die Primzahlen; eine **Primzahl** ist eine natürliche Zahl $p \neq 1$, die nur durch p und 1 teilbar ist. Zum Beispiel ist 17 eine Primzahl, da 17 durch keine der Zahlen 2, 3, …, 16 teilbar ist. Hingegen ist 21 keine Primzahl, denn es gilt $21 = 3 \cdot 7$.

9.1.1 Größter gemeinsamer Teiler

Seien a und b ganze Zahlen, die nicht beide Null sind. Eine natürliche Zahl g heißt **größter gemeinsamer Teiler** von a und b, falls die folgenden Eigenschaften gelten:

(1) $g|a$ und $g|b$
(2) g ist die größte natürliche Zahl mit Eigenschaft (1).

Die Bedingung (2) kann auch wie folgt ausgedrückt werden:

(2′) Wenn eine ganze Zahl d sowohl a als auch b teilt, so teilt sie auch g.

Zum Beispiel ist der größte gemeinsame Teiler einer natürlichen Zahl a und 0 die Zahl a selbst. Je zwei ganze Zahlen a, b, die nicht beide gleich 0 sind, besitzen genau einen größten gemeinsamen Teiler g. Wir schreiben

$$g := ggT(a, b)$$

Zum Beispiel ist $ggT(6, 15) = 3$, $ggT(-6, 15) = 3$ und $ggT(a, 0) = a$ für jede positive ganze Zahl a. Wenn $ggT(a, b) = 1$ gilt, so heißen a und b **teilerfremd.**

Man berechnet den größten gemeinsamen Teiler in der Regel mit dem **euklidischen Algorithmus.** Dieser funktioniert wie folgt:

Satz 9.1: Seien a, b ganze Zahlen mit $b > 0$. Dann gibt es eindeutig bestimmte ganze Zahlen q und r mit folgenden Eigenschaften:

- $a = b \cdot q + r$ („a geteilt durch b ergibt q mit Rest r"),
-

$$0 \leq r < b$$

Mit obigen Bezeichnungen gilt dann $ggT(a, b) = ggT(b, r)$.

Das bedeutet: Wir können das Problem der Berechnung des größten gemeinsamen Teilers von a und b auf die Berechnung des größten gemeinsamen Teilers von b und r, also von Zahlen, die kleiner oder

```
procedure qr_factoring(n ; t);
{--- Gibt einen Faktor  t  der Zahl  n  aus ---}
input(n);
t := 1;
repeat
    random(r); random(s);
    x := r mod n; y := s mod n;
    a := x² mod n; b := y² mod n;
        if  (a = b) and (y ∉ {x, n-x})  then
        c := x+y mod n;
        t := ggT(c,n);
until  t ≠ 1;
return(t);
```

Abb. 9.3 Vereinfachter Algorithmus zum Faktorisieren mit quadratischen Resten

höchstens gleich b sind, zurückführen. Wenn wir $ggT(a, b)$ ausrechnen möchten, führen wir die obige Reduktion so lange durch, bis sich als Rest 0 ergibt:

$$ggT(a, b) = \ldots = ggT(c, 0) = c$$

Einen konkret ausgeführten Algorithmus findet man in Abb. 9.1 in einer an die Programmiersprache PASCAL angelehnten Notation.

Der euklidische Algorithmus legt die Definition des Operators **mod** nahe: Mit den Bezeichnungen aus Satz 9.1 ist

$$a \bmod b := r$$

Wir erläutern den Operator mod, der von großer Bedeutung ist, noch etwas genauer: In der Formel $a \bmod b := r$ ist r die kleinste natürliche Zahl, die sich von a nur durch ein Vielfaches von b unterscheidet. Das heißt:

$$r = a \bmod b \Leftrightarrow r \text{ ist die kleinste natürliche Zahl mit } b|a - r$$

Zum Beispiel gilt $1024 \bmod 55 = 34$, denn $1024 - 34 = 990$ ist durch 55 teilbar.

Die Verwendung von mod als Operator ist sinnvoll, wenn man Algorithmen beschreiben möchte. Für die Darstellung mathematischer Beweise ist die Schreibweise $a \equiv b(\bmod n)$ („a ist kongruent b modulo n") gebräuchlich, die auf C. F. Gauß (1777–1855) zurückgeht. Dabei gilt

$$a \equiv b \,(\bmod n) \Leftrightarrow a \bmod n = b \Leftrightarrow a - b \bmod n = 0$$

Für diese Kongruenzrelation gelten, wie man leicht anhand der Definition nachprüfen kann, entsprechende Rechenregeln wie für die Gleichheitsrelation. Zum Beispiel folgen aus $a \equiv b \pmod n$ und $c \equiv d \pmod n$ die Kongruenzen $a + c \equiv b + d \pmod n$ und $ac \equiv bd \pmod n$.

In der Kryptographie ist die **Vielfachsummendarstellung** des größten gemeinsamen Teilers von besonderer Bedeutung:

Lemma von Bézout

Sei $g = ggT(a, b)$. Dann gibt es ganze Zahlen s und t mit $g = sa + tb$.

Sei zum Beispiel $a = 4711$ und $b = 1024$ Dann ist $ggT(4711, 1024) = 1$ und es gilt

$$1 = 343 \cdot 4711 + (-1578) \cdot 1024$$

Zur Berechnung von s und t verwendet man eine erweiterte Version des euklidischen Algorithmus.

9.1.2 Der chinesische Restsatz

Viele Berechnungen modulo $n = pq$ können auf Berechnungen modulo p und q zurückgeführt werden. Man benötigt dazu eine Methode, die Teillösungen bezüglich der Primfaktoren zu einer Gesamtlösung zusammenzusetzen. Dies leistet der **chinesische Restsatz**, den wir hier nur für den in diesem Buch benötigten Spezialfall wiedergeben.

Chinesischer Restsatz

Seien p und q zwei teilerfremde natürliche Zahlen, und sei $1 = sp + tq$ die zugehörige Vielfachsummendarstellung. Dann hat das Gleichungssystem

$$x \equiv a \pmod p$$

$$x \equiv b \pmod p$$

die Lösung

$$x = b \cdot sp + a \cdot tq$$

Diese Lösung ist eindeutig modulo $n = pq$.

Ein Beweis dieses Satzes ergibt sich daraus, dass aus der Vielfachsummendarstellung die Kongruenzen $sp \equiv 0 \pmod{p}$ und $tq \equiv 1 \pmod{p}$ (und analog mit vertauschten Rollen für q) folgen. Damit gilt dann

$$x \equiv b \cdot 0 + a \cdot 1 \equiv a \pmod{p}$$

$$x \equiv b \cdot 1 + a \cdot 0 \equiv b \pmod{q}$$

Wenn also a und b die Lösungen sind, die man modulo p und modulo q gefunden hat, so erhält man die Gesamtlösung x, indem man zunächst mit dem erweiterten euklidischen Algorithmus die Vielfachsummendarstellung des größten gemeinsamen Teilers von p und q bestimmt, und dann die Lösung $b \cdot sp + a \cdot tq \bmod n$ berechnet.

9.2 Modulare Arithmetik

Üblicherweise beschäftigen wir uns nicht mit *allen* natürlichen Zahlen, sondern nur mit denen unterhalb einer gewissen Grenze n. Oft treten allerdings bei Berechnungen Zahlen auf, die größer als n sind; dann muss man diese „modular reduzieren". Wir müssen also hier auf die uns bekannte Arithmetik der ganzen Zahlen verzichten und stattdessen eine „modulare Arithmetik" verwenden. Das Überraschende dabei ist, dass diese modulare Arithmetik viel stärkere Eigenschaften haben kann als die Ganzzahlarithmetik: Wenn z. B. der Modulus eine Primzahl ist, so kann in dieser Arithmetik durch jede beliebige von Null verschiedene Zahl dividiert werden.

9.2.1 Die Gruppe $(\mathbb{Z}_n, \oplus)$

Wir betrachten die Struktur der natürlichen Zahlen, die kleiner als n sind:

$$\mathbb{Z}_n = \{0, 1, \ldots, n-1\}$$

In dieser Menge können wir „addieren", „subtrahieren" und „multiplizieren": Seien $a, b \in \mathbb{Z}_n$. Dann ist die Summe $a \oplus b$, die Differenz $a \ominus b$ und das Produkt $a \otimes b$ wie folgt definiert:

$$a \oplus b := (a + b) \bmod n$$

$$a \ominus b := (a - b) \bmod n$$

$$a \otimes b := (a \cdot b) \bmod n$$

Dabei ist mod in Abschn. 9.1.1 definierte Operator. Die mathematische Struktur $\mathbb{Z}_n$ zusammen mit $\oplus$ hat viele Eigenschaften, die vom gewöhnlichen Rechnen in $\mathbb{Z}$ bekannt sind:

Die Summe $a \oplus b$ ist wieder ein Element von $\mathbb{Z}_n$.

Die Operation $\oplus$ ist assoziativ, d. h. für alle $a, b, c \in \mathbb{Z}_n$ gilt

$$(a \oplus b) \oplus c = a \oplus (b \oplus c)$$

Es gibt ein neutrales Element, nämlich das Element 0.

Jedes Element $a \in \mathbb{Z}_n$ hat ein Inverses, nämlich $n - a$. Es gilt $a \oplus (n - a) = a + n - a \bmod n = n \bmod n = 0$.

In der Mathematik wird eine Struktur mit diesen Eigenschaften eine Gruppe genannt. Wenn die Operation zusätzlich *kommutativ* ist (was z. B. für $\oplus$ gilt, da $a \oplus b = b \oplus a$ ist), so heißt die Struktur eine **kommutative Gruppe**.

9.2.2 Die Gruppe $(\mathbb{Z}_n^*, \otimes)$

Die Struktur $\mathbb{Z}_n$ ist zusammen mit der Multiplikation $\otimes$ in der Regel keine Gruppe – selbst wenn man das Nullelement ausnimmt. Zum Beispiel ist $\mathbb{Z}_{55} - \{0\}$ keine Gruppe bezüglich $\otimes$, da z. B. die Elemente 5 und 11 keine multiplikativen Inversen haben. (Es gibt kein $x \in \mathbb{Z}_{55}$, sodass $5 \otimes x = 1$ ist. Das liegt daran, dass 5 nicht teilerfremd zu 55 ist.)

Aber die Teilmenge derjenigen Elemente aus $\mathbb{Z}_n$, die teilerfremd zu n sind, bildet eine multiplikative Gruppe. Diese Menge wird mit $\mathbb{Z}_n^*$ bezeichnet:

$$\mathbb{Z}_n^* = \{a \in \mathbb{Z}_n \mid \mathrm{ggT}(a, n) = 1\}.$$

Das **multiplikative Inverse** eines Elements $a \in \mathbb{Z}_n^*$ kann mithilfe der Vielfachsummendarstellung berechnet werden. Genauer gesagt gilt:

Ist $ggT(a, n) = 1 = sa + tn$ so ist $a' := s \bmod n$ die multiplikative Inverse aus $\mathbb{Z}_n^*$ von a.

Die Anzahl der Elemente von $\mathbb{Z}_n^*$ wird mit $\varphi(n)$ bezeichnet (**Eulersche φ-Funktion**). Mit anderen Worten: $\varphi(n)$ ist die Anzahl der zu n teilerfremden natürlichen Zahlen, die kleiner oder höchstens gleich n sind. Man kann $\varphi(n)$ mittels einer Formel berechnen, wenn man die Faktorisierung von n kennt. Es gilt zum Beispiel:

$\varphi(p) = p - 1$	für jede Primzahl p
$\varphi(pq) = (p - 1)(q - 1)$	für je zwei verschiedene Primzahlen p und q

Die Zahl $\varphi(n)$ ist für $n = pq$ genauso schwer zu berechnen wie die Faktorisierung von n (dabei sind p und q zwei verschiedene Primzahlen). Denn einerseits kann man mithilfe der beiden Primfaktoren p und q sofort $\varphi(pq) = (p - 1)(q - 1)$ berechnen. Andererseits gilt aber auch $p + q = n - \varphi(n) + 1$, woraus sich durch Auflösen nach p und Einsetzen dieses Ausdrucks in die Formel $pq = n$ die quadratische Gleichung

$$q^2 - (n - \varphi(n) + 1)q + n = 0$$

ergibt, die man leicht lösen kann.

Für die Anwendung der Gruppe $(\mathbb{Z}_n^*, \otimes)$ in der Kryptographie, insbesondere im RSA-Verfahren, ist der Satz von Euler-Fermat wichtig:

Satz von Euler-Fermat: Für alle Zahlen $a \in \mathbb{Z}_n^*$ gilt $a^{\varphi(n)} \equiv 1 \pmod{n}$

Man kann diesen Satz mit Überlegungen aus der Gruppentheorie begründen. Diese besagen, dass wenn man ein Gruppenelement (hier: a) mit der Ordnung der Gruppe (hier: $\varphi(n)$) potenziert, sich immer das neutrale Element (hier: 1) ergibt.

9.2.3 Der Körper $\mathbb{Z}_p$

Für jede Primzahl p gilt $\mathbb{Z}_p^* = \mathbb{Z}_p - \{0\}$; damit ist $\mathbb{Z}_p^*$ ein **Körper**, das heißt in $\mathbb{Z}_p^*$ gelten die gleichen Grundrechengesetze wie im Körper der rationalen Zahlen oder im Körper der reellen Zahlen.

Begründung: Wegen $\mathbb{Z}_p - \{0\} = \mathbb{Z}_p^*$ hat jedes von 0 verschiedene Element $a \in \mathbb{Z}_p^*$ ein multiplikatives Inverses. Die Distributivgesetze gelten im Allgemeinen in $\mathbb{Z}_p^*$.

Wenn Missverständnisse ausgeschlossen sind, schreiben wir in Zukunft oft einfach $+$ statt $\otimes$, $-$ statt $\ominus$ und $\cdot$ statt$\otimes$.

9.2.4 Die O-Notation

Zur Beschreibung der Komplexität der im Folgenden erwähnten Algorithmen brauchen wir die **O-Notation**. Dieser liegt die Idee zugrunde, dass man sich im Allgemeinen nicht für konstante Faktoren interessieren muss, da diese zu stark von Details des Algorithmus abhängen, z. B., ob man beim euklidischen Algorithmus die Anzahl der benötigten mod-Operationen zählt, oder die Anzahl der benötigten Rechenschritte auf Bit-Ebene (wobei man zur Durchführung einer mod-Operation eine konstante Anzahl von Bit-Rechenschritten benötigt). Außerdem ändert sich die für einen Algorithmus benötigte absolute Zeit bei Einführung einer neuen Computergeneration um einen konstanten Faktor.

Man führt daher die folgende Notation ein, die es ermöglicht, konstante Faktoren zu unterdrücken: Sei $f(n)$ eine (monoton wachsende) Funktion. Man sagt, dass ein Algorithmus A die Zeitkomplexität (Speicherkomplexität) $O(f)$ besitzt, wenn es eine Konstante M und eine natürliche Zahl n_0 gibt, sodass die Laufzeit (oder der benötigte Speicherplatz) von A bei Eingaben der Länge $n \geq n_0$ durch $M \cdot f(n)$ beschränkt wird.

9.2.5 Primzahltests und Faktorisierungsalgorithmen

Es gibt Algorithmen, mit denen man schnell überprüfen kann, ob eine natürliche Zahl eine Primzahl ist oder nicht. Z. B. kann man mithilfe des Satzes von Euler-Fermat, wenn man Glück hat, relativ schnell nachweisen, dass eine Zahl n *keine* Primzahl ist, ohne n faktorisieren zu müssen.

Dazu muss man den Satz zunächst für den Spezialfall formulieren, dass n eine Primzahl ist. Dieser Spezialfall ist als der **kleine Fermatsche Satz** (nach Pierre Fermat, 1601–1655) bekannt und lautet:

Beispiel

Kleiner Fermatscher Satz Für jede Primzahl p und jede natürliche Zahl a mit $1 \leq a < p$ gilt

$$a^p - 1 \equiv 1 (mod\ p)$$

Wir erhalten den folgenden „negativen" Primzahltest für n: Falls n eine Primzahl ist, muss nach dem kleinen Fermatschen Satz jede beliebige, zufällig gewählte Zahl *a*, wenn sie mit $n - 1$ potenziert und modulo n reduziert wird, den Wert 1 ergeben. Wenn eine Zahl *a* gefunden wird, die diese Eigenschaft nicht hat, so weiß man, dass *n* *keine* Primzahl ist.

Wenn man kein solches *a* findet, kann man aber trotzdem nicht sicher sein, dass *n* eine Primzahl ist, denn es gibt zusammengesetzte Zahlen *n* mit der Eigenschaft $a^{n-1} \equiv 1 \bmod n$ für alle zu *n* teilerfremden ganzen Zahlen *a*. Diese heißen **Carmichael-Zahlen**. Diese (unendlich vielen) Zahlen kann man mithilfe probabilistischer Tests, etwa des Miller-Rabin-Tests, mit beliebig großer Wahrscheinlichkeit ausschließen. Details findet man in [BRK95], Kap. 4 und [Kra86].

Demgegenüber ist es ein sehr schwieriges Problem, eine natürliche Zahl *n* (von der man weiß, dass sie keine Primzahl ist) in ihre Primfaktoren zu zerlegen. Der einfachste Faktorisierungsalgorithmus besteht darin, „einfach" alle möglichen Teiler von *n* durchzuprobieren. Im Extremfall muss man dies allerdings für alle Zahlen von 1 bis $\sqrt{n}$ tun, was für große Zahlen (über 300 Dezimalstellen oder ca. 1000 Bits) schlicht unmöglich ist. Weitere Faktorisierungsalgorithmen wie z. B. Pollards Rho-Methode, die für Zahlen $n = pq$ gut funktioniert, bei denen $p - 1$ oder $q - 1$ kleine Primteiler besitzen, sind in [Sti95] beschrieben.

Die drei heute in der Praxis zur Faktorisierung großer Zahlen verwendeten Algorithmen sind der **Quadratic-Sieve-Algorithmus**, der **Elliptic-Curve-Algorithmus** und der **Number-Field-Sieve-Algorithmus** [Sti95].

Zur Faktorisierung einer 512 Bit lange Zahl benötigt der Quadratic Sieve Algorithmus auf einer 200 MIPS Workstation (200.000.000 Befehle pro Sekunde) etwa

$$\frac{e^{\sqrt{354,9 \cdot 5,9}}}{2 \cdot 10^{8}\frac{1}{s} \cdot 3,2 \cdot 10^{7}\frac{s}{Jahr}} \approx \frac{7,5 \cdot 10^{19}}{6,4 \cdot 10^{15}} Jahre \approx 11.700\, Jahre$$

Für zufällig gewählte Zahlen mit zwei etwa gleich großen Primfaktoren lag der Weltrekord 1994 bei 129 Dezimalstellen: Atkins, Graff, Lenstra und Leyland faktorisierten mit dem Quadratic-Sieve-Algorithmus eine Zahl, die als RSA-129 bekannt war. Dieses als „Faktorisierung per E-Mail" bezeichnete Verfahren benötigte 5000 MIPS-Jahre verteilt auf mehr als 600 Workstations überall auf der Welt. (Zum aktuellen Stand vgl. [BBFK05].)

Der aktuelle Faktorisierungsweltrekord wurde im Jahr 2019 aufgestellt. Es handelt sich um die „RSA-795-Zahl", eine Zahl, die in binärer Darstellung aus 795 Bits besteht und das Produkt von zwei sorgfältig gewählten Primzahlen ist. Sie galt als besonders schwierige Herausforderung, die als

RSA-240-Challenge publiziert war. Dazu benötigten die Forscher etwa 900 CPU-Kern-Jahre auf 2,1 GHz Xeons Gold. Obwohl diese Faktorisierung keine unmittelbare Gefahr für die Sicherheit von 1024 Bit-Zahlen darstellt, wird mittlerweile doch empfohlen, Module mit 2048 Bits zu verwenden. Zum aktuellen Stand vgl. [Kle10] und https://lists.gforge.inria.fr/pipermail/cado-nfs-discuss/2019-December/001139.html.

9.3 Quadratische Reste

Sei n eine natürliche Zahl. Das Element $a \in \mathbb{Z}_n^*$ heißt quadratischer Rest *modulo n* falls es ein $b \in \mathbb{Z}_n^*$ gibt mit

$$b^2 = b \cdot b = a (\mathrm{mod}\, n)$$

Man nennt dann b eine **Quadratwurzel von** *a modulo n*. Wenn a kein quadratischer Rest ist, heißt a ein quadratischer Nichtrest *modulo n*.

Sei zum Beispiel $n = 55$. Dann hat die Zahl $34 \in \mathbb{Z}_{55}^*$ die Quadratwurzeln $12, 43$ und $23, 32$ denn es gilt z. B. $12 \otimes 12 = 144 \,\mathrm{mod}\, 55 = 34$.

Im Allgemeinen hat eine Zahl mehr als zwei modulare Quadratwurzeln. Die uns vertraute Situation, dass jede Zahl entweder keine oder genau zwei Quadratwurzeln hat, gilt in $\mathbb{Z}_n^*$ genau dann, wenn n eine Primzahl ist. Ist dagegen $n = pq$ das Produkt von zwei verschiedenen Primzahlen, so hat jedes Element von $\mathbb{Z}_n^*$ entweder keine oder genau die vier Quadratwurzeln $x, n - x, y, n - y$.

9.3.1 Quadratwurzeln und Faktorisierung

Ob es schwer oder leicht ist, modulare Quadratwurzeln zu berechnen, hängt entscheidend von dem Modul n ab: Wenn n eine Primzahl ist, so gibt es schnelle Verfahren, um Quadratwurzeln *modulo n* zu berechnen. Wenn n aber eine zusammengesetzte Zahl ist, so ist es im Allgemeinen sehr schwer, Quadratwurzeln zu finden, da dieses Problem eng mit der Faktorisierung zusammenhängt. In dem für die Kryptographie wichtigsten Fall gilt:

> Sei $n = pq$ das Produkt von zwei verschiedenen Primzahlen p und q. Dann ist das Berechnen von Quadratwurzeln *modulo n* genauso schwierig wie das Faktorisieren von n.

Wir zeigen hier nur, dass das Berechnen von Quadratwurzeln modulo n *mindestens* so schwierig ist wie das Faktorisieren von n. Dazu zeigen wir, dass sich jeder Algorithmus zur Bestimmung von Quadratwurzeln zu einem Faktorisierungsalgorithmus ausbauen lässt (siehe auch Abb. 9.3):

Man wählt zufällig ein Element $b_1 \in \mathbb{Z}_n^*$ und quadriert diese $a := b_1^2 \bmod n (= b_1 \otimes b_1)$. Nun wendet man auf a den Algorithmus zur Berechnung einer Quadratwurzel an und erhält eine Wurzel b_2. Da b_1 zufällig gewählt wurde und da es genau vier verschiedene Quadratwurzeln $x, n - x, y, n - y$ von a gibt, ist b_2 mit Wahrscheinlichkeit 1/2 nicht aus $\{b_1, n - b_1\}$

Der Fall, dass $b_2 \in \{b_1, n - b_1\}$ ist, ist der schlechte Fall; in dieser Situation startet man die Prozedur mit einem neuen b_1 von vorne.

Im guten Fall $b_2 \notin \{b_1, n - b_1\}$ gilt in $\mathbb{Z}_n^*$

$$(b_1 + b_2)(b_1 - b_2) = b_1^2 - b_2^2 = a - a = 0$$

Das bedeutet, dass p und q das Produkt

$$(b_1 + b_2)(b_1 - b_2)$$

teilen. Also teilt p einen Faktor; da $b_1 \neq b_2$ und $b_1 \neq n - b_2$ ist, muss q den anderen Faktor teilen. Man berechnet nun

$$ggT(n, b_1 + b_2)$$

und erhält daraus p oder q und hat somit n faktorisiert.

Im Durchschnitt muss man die Prozedur zweimal durchführen, um n faktorisieren zu können.

9.3.2 Die Quadratische-Reste-Annahme

Im Allgemeinen ist es nicht nur schwierig, Quadratwurzeln zu berechnen, sondern auch zu entscheiden, ob eine Zahl ein quadratischer Rest ist oder nicht. Dieses Problem spielt in der modernen Kryptographie eine so wichtige Rolle, dass wir es genau formulieren müssen. Dazu benötigen wir noch zwei Begriffe.

Das **Legendresymbol** $(x \mid p)$ ist für Primzahlen p und Zahlen $x \in \mathbb{Z}_n^*$ wie folgt definiert:

$$(x \mid p) := \begin{cases} 1 & \text{falls x ein quadratischer Rest modulo p ist,} \\ -1 & \text{falls x ein quadratischer Nichtrest modulo p ist.} \end{cases}$$

Das **Jacobisymbol** $(x \mid n)$ ist für alle Zahlen n und $x \in \mathbb{Z}_n^*$ definiert; uns interessiert aber nur der Fall n = pq:

$$(x \mid n) := (x \mid p)(x \mid q).$$

Für das Legendre- und das Jacobisymbol gelten die folgenden Rechenregeln [Kra86]; dabei sind x und y ganze Zahlen, die teilerfremd zu n sind.

---

(1) $(x|n) = (x \bmod n \mid n)$
(2) $(x|n) \cdot (y|n) = (x \cdot y \mid n)$
(3) $(-1|n) = -1^{\frac{n-1}{2}}$
(4) $(2|n) = -1^{\frac{(n^2-2)}{8}}$ falls n ungerade ist

Mithilfe des **quadratischen Reziprozitätsgesetzes**, das auf Gauß zurückgeht, kann das Jacobisymbol ebenso wie das Legendresymbol auch ohne Kenntnis der Faktorisierung von n leicht berechnet werden (vgl. [Kra86]):

Beispiel

Quadratisches Reziprozitätsgesetz: Für alle ungeraden und zueinander teilerfremden Zahlen $m, k > 2$ gilt

$$(k \mid m) \cdot (m \mid k) = (-1)^{\frac{(m-1)(k-1)}{4}}$$

Beispiel: Berechnung des Legendresymbols $(76|131)$.

$$(76|131) = (2|131) \cdot (2|131) \cdot (19|131) = (19|131) = (131|19) \cdot (-1)^{\frac{(131-1)(19-1)}{4}}$$

$$= (17|19) \cdot (-1) = (19|17) \cdot (-1)^{\frac{(19-1)(17-1)}{4}} = -(19|17)$$

$$= -(2|17) = (-1)^{\frac{171-1}{8}} = -1$$

Also ist 76 ein quadratischer Nichtrest modulo der Primzahl 131.

Jeder quadratische Rest *modulo n* mit $n = pq$ muss quadratischer Rest *modulo p und modulo q* sein. Daher ist jede Zahl mit Jacobisymbol -1 ein quadratischer Nichtrest, da für sie genau eine der genannten Bedingungen nicht zutrifft. Die Umkehrung gilt aber nicht: Besitzt eine Zahl x das Jacobisymbol $+1$, so kann man nichts mehr über sie aussagen, da

$$+1 = 1 \cdot 1 = (-1)(-1)$$

gilt, also entweder beide Bedingungen zutreffen oder beide Bedingungen nicht zutreffen können. Für solche Zahlen gilt die **Quadratische-Reste-Annahme**:

Sei $n = pq$ und sei x eine Zahl aus $\mathbb{Z}_n^*$ mit Jacobisymbol $+1$. Dann ist es praktisch unmöglich, zu entscheiden, ob x ein quadratischer Rest ist oder nicht.

Wählt man die Primzahlen p und q so, dass $p \equiv 3 \bmod 4$ und $q \equiv 3 \bmod 4$ gilt, so kann man Quadratwurzeln *modulo p* und *modulo q* besonders einfach berechnen: Die Wurzeln des quadratischen Restes $a \in \mathbb{Z}_n^*$ sind die Zahlen $w_1 := a^{\frac{p+1}{4}}$ und $w_2 := p - w_1$. Außerdem kennt man in diesem Fall einen quadratischen Nichtrest mit Jacobisymbol $+1$, nämlich die Zahl -1.

9.4   Der diskrete Logarithmus

Wichtige Grundbausteine der Kryptographie sind Funktionen, die leicht berechnet, aber möglichst schwer umgekehrt werden können („Einwegfunktionen", siehe Abschn. 2.3). Ein Beispiel für eine solche Funktion ist die Multiplikation natürlicher Zahlen; diese ist einfach durchzuführen, aber ihre Umkehrung, also die Faktorisierung, ist für große Zahlen praktisch unmöglich. Eine wichtige Klasse von Einwegfunktionen sind die diskreten Exponentialfunktionen:

Sei p eine Primzahl, und sei g eine natürliche Zahl mit $g \leq p - 1$. Dann ist die **diskrete Exponentialfunktion** zur Basis g mit $1 \leq k \leq p - 1$ definiert durch.

$$k \mapsto g^k \bmod p$$

Die Umkehrfunktion wird diskrete Logarithmusfunktion dl_g genannt; es gilt:

$$dl_g\left(g^k\right) = k.$$

Unter dem Problem des diskreten Logarithmus versteht man das folgende:

Gegeben p, q *und* y, bestimme k so, dass $y = g^k \bmod p$ gilt.

Zum Beispiel besitzt die Gleichung $7 = 3^k \bmod 17 = 3^k \bmod 17 = 3^k \bmod 17$ die Lösung $k = 11$.

Die diskrete Exponentialfunktion zu berechnen ist einfach (siehe Kasten „Square-and-multiply"), während das Problem des diskreten Logarithmus sehr schwer zu sein scheint. Abb. 9.4 macht diese Annahme plausibel: Im

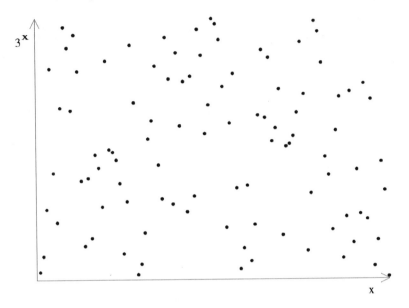

Abb. 9.4 Graph der diskreten Exponentialfunktion modulo p = 101 zur Basis 3

Gegensatz zur reellen Exponentialfunktion ist die diskrete Exponentialfunktion nicht stetig, sondern macht unvorhersehbare „Sprünge".

9.4.1 Berechnung der diskreten Exponentialfunktion

Für $k = 17$ kann man g^{17} wie folgt berechnen:
$g^{17} = g^{16} \cdot g^1 = \left(g^2\right) \cdot \left(g^2\right) \cdot \left(g^2\right) \cdot \left(g^2\right) \cdot g$. Man muss also g nicht
sechzehnmal mit sich selbst multiplizieren, sondern man kommt mit
wesentlich weniger Gruppenoperationen aus, nämlich mit fünf Multiplikationen.

Das im obigen Beispiel verwendete Verfahren heißt „**Square-and-
multiply**" (Abb. 9.5), weil man nur quadrieren und multiplizieren muss. Es
benötigt maximal $2 \cdot \log_2 k$ Multiplikationen zur Berechnung von g^k.

9.4.2 Berechnung der diskreten Logarithmusfunktion

Ein einfaches Verfahren zur Berechnung des diskreten Logarithmus eines
Gruppenelements, das wesentlich effizienter ist als das bloße Durchprobieren aller möglichen Werte für k, ist der „**Baby-Step-Giant-Step**"-
Algorithmus: Ist N die Anzahl der Elemente der Gruppe, so wählt man
zunächst eine natürliche Zahl $w \geq \sqrt{N}$ (d. h. man rundet $\sqrt{N}$ auf). Man

```
procedure square-and-multiply(g, k; y);
{-------------- Berechnet  y = g^k -----------}
input(g,k);
{--- stelle k als Binärzahl k=b_n...b_1b_0 dar.--}
n := log_2 k
for  i = 0  to  n  do
    begin
        b[i] := (k mod 2^(i+1));
        k := (k-b[i])/2;
    end;
y := g;
for  i = n-1  downto  0  do
    begin
        y := y^2;
        if b[i] = 1 then  y := y · g;
    end;
return(y);
```

Abb. 9.5 Square-and-Multiply

kann dann jeden diskreten Logarithmus k in der Form $k = aw + b$ mit $0 \le b \le w$ darstellen. Der diskrete Logarithmus k von $y = g^k$ lässt sich in der oben beschriebenen Form darstellen. Wir können daher die Gleichung

$$y = g^k = g^{aw+b}$$

umformen in die Gleichung.

$$yg - b = gaw$$

Wenn wir ein k finden wollen, das die erste Gleichung erfüllt, so müssen wir Zahlen a und b bestimmen, die der zweiten Gleichung genügen. Dazu legen wir zwei Listen an: eine Liste, die alle Elemente der Form yg^{-b} (für $b \in \{0, 1, \ldots, w\}$) enthält, und eine Liste, die alle Elemente der Form g^{aw} (für $a \in \{0, 1, \ldots, w\}$) umfasst. Die erste Liste heißt **Baby-step**-Liste, die zweite **Giant-step**-Liste. Nun ordnen wir beide Listen und suchen ein gemeinsames Element. Sind z. B. die Elemente yg^{-17} und g^{123w} gleich, so gilt $y = g^{123w+17}$, und man hat den diskreten Logarithmus $k = 123w + 17$ gefunden (Abb. 9.6).

Man kann sich mithilfe des Baby-Step-Giant-Step-Algorithmus klar machen, dass die Berechnung des diskreten Logarithmus sehr viel schwieriger ist als die Auswertung der diskreten Exponentialfunktion. Wenn

```
procedure baby-step-giant-step(y,g,N ; k);
{---------- Berechnet  k  mit  y = gᵏ ----------}
    input(y,g,N);
    w := round(sqrt(N)+1);
    for  i := 0  to  w  do begin
        baby[i] := y g-i;
        giant[i] := gʷⁱ;
    end;
    suche (i,j)  mit  baby[i] = giant[j];
    k := wj+i;
    return(k);
```

Abb. 9.6 Baby-Step-Giant-Step

die auftretenden Zahlen etwa 1000 Bit Länge haben, so benötigt man zur Berechnung von g^k nur etwa 2000 Multiplikationen, zur Berechnung des diskreten Logarithmus mit dem Baby-Step-Giant-Step-Algorithmus aber etwa $2^{500} \approx 10^{150}$ Operationen.

Name	Komplexität
Baby-Step-Giant-Step	$O(\sqrt{p})$
Silver-Pohlig-Hellman	Polynomial in q, dem größten Primteiler von $p-1$
Index-Calculus	$O\left(e^{(1+(o))\sqrt{\ln(p)ln^2(p)}}\right)$

Neben dem Baby-Step-Giant-Step-Algorithmus gibt es noch zahlreiche andere Verfahren zur Berechnung des diskreten Logarithmus [Sti95]. Die wichtigsten davon sind der **Silver-Pohlig-Hellman**-Algorithmus, der gut anwendbar ist, wenn $p-1$ ausschließlich sehr kleine Primteiler besitzt, und die Klasse der **Index-Calculus**-Algorithmen. Die oben angegebenen Komplexitäten beziehen sich ausschließlich auf den Körper $\mathbb{Z}_p^*$.

Wenn man den diskreten Logarithmus bezüglich einer Basis g berechnen kann, so kann man ihn bezüglich jeder Basis h berechnen, die eine Potenz von g ist: Sei $h = g^k$. Dann ist

$$k \cdot dl_g(x) \bmod p - 1$$

eine Zahl, die das Problem des diskreten Logarithmus von x zur Basis h löst. Da es stets Elemente g gibt, sodass jedes Element von $\mathbb{Z}_n$ eine Potenz von g ist, genügt es, den diskreten Logarithmus bezüglich eines solchen „primitiven" Elements g berechnen zu können.

9.4.3 Rechnen mit Exponenten

Beim Berechnen der diskreten Exponential- bzw. Logarithmusfunktionen haben wir die Tatsache ausgenutzt, dass der Exponent eine ganze Zahl ist. Wir konnten diese Zahl in Binärdarstellung wiedergeben (Square-and-multiply) oder sie mit Rest durch eine ganze Zahl w teilen (Baby-Step-Giant-Step), mit anderen Worten: Wir können mit dem Exponenten *rechnen*. Genauer gesagt gilt:

> Sei p eine Primzahl. Die Exponenten, die bei der Berechnung der diskreten Exponentialfunktion *modulo p* auftreten, werden *modulo $p - 1$* addiert und multipliziert.

Dies ergibt sich aus dem kleinen Fermatschen Satz (vgl. Abschn. 9.2), den wir hier noch einmal anders formulieren möchten:

> Kleiner Satz von Fermat: Ist eine Primzahl, so gilt für jede natürliche Zahl die Gleichung
>
> $$x^{p-1} \bmod p = 1.$$

Mithilfe dieses Satzes ergibt sich, dass $g^a \cdot g^b \bmod p = g^{a+b} \bmod p = g^{a+b \bmod p-1}$ und $g^a)^b \bmod p = g^{a \cdot b \bmod p-1}$ ist.

9.5 Isomorphie von Graphen

Ein **Graph** besteht aus einer Menge von **Ecken** (Punkten), von denen je zwei durch eine **Kante** verbunden sind oder nicht (siehe Abb. 9.7). Jede Kante verbindet genau zwei Ecken.

Zwei Graphen werden isomorph („strukturgleich") genannt, wenn der eine aus dem anderen durch Umordnen der Ecken hervorgeht. Zum Beispiel sind die beiden Graphen in Abb. 9.8 isomorph.

Wir definieren präziser: Ein **Isomorphismus** eines Graphen G_1 auf einen Graphen G_2 ist eine bijektive („eineindeutige") Abbildung der Eckenmenge von G_1 auf die Eckenmenge von G_2, sodass zwei Ecken von G_2 genau dann

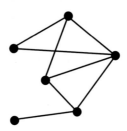

Abb. 9.7 Ein Graph

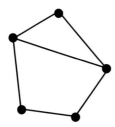
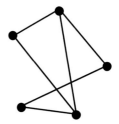

Abb. 9.8 Zwei isomorphe Graphen

durch eine Kante verbunden sind, wenn die Urbilder in G_1 durch eine Kante verbunden sind. Zwei Graphen heißen **isomorph,** falls es einen Isomorphismus zwischen ihnen gibt.

Bijektive Abbildungen von endlichen Mengen in sich heißen Permutationen. Man kann eine Permutation einer endlichen Menge dadurch genau beschrieben, dass man die Elemente der Menge durchnummeriert und dann angibt, welche Elemente auf welche anderen Elemente abgebildet werden. Zum Beispiel ist die Permutation $\pi = (12)(3)$ die Abbildung der Menge $\{1, 2, 3\}$ in sich, die 1 auf 2, 2 auf 1, und 3 auf sich selbst abbildet **(Zykelschreibweise).**

Man kann leicht Graphen erzeugen, die zu einem gegebenen Graphen G isomorph sind: Dazu braucht man nur die Eckenmenge von G zu permutieren. Umgekehrt ist es im Allgemeinen sehr schwer, von zwei vorgelegten Graphen zu entscheiden, ob sie isomorph sind oder nicht und gegebenenfalls einen Isomorphismus anzugeben. Beispielsweise ist es schwer, für die in Abb. 9.9 angegebenen Graphen nachzuweisen, dass sie isomorph sind. Wenn andererseits eine Permutation gegeben ist, z. B.

$$\pi = (\,1\,3\,5\,6\,)(\,2\,7\,)(\,4\,12\,9\,8\,10\,11\,)$$

ist es leicht zu verifizieren, ob π ein Isomorphismus ist oder nicht.

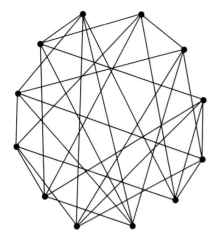 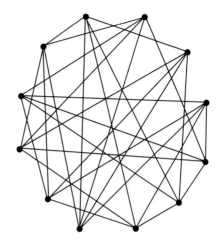

Abb. 9.9 Isomorphie von „großen" Graphen. Schon bei relativ kleinen Graphen muss man, wenn sie einige offensichtlich erforderliche Regularitätskriterien erfüllen, viel Rechenzeit aufwenden, um einen Isomorphismus zu finden. Bei dem abgebildeten Graphen (bei dem jede Ecke auf genau 5 Kanten liegt) müssten etwa $12! \approx 479.001.600$ mögliche Permutationen überprüft werden. Werden jedoch die Ecken der Graphen beginnend mit der rechten oberen Ecke im Uhrzeigersinn durchnummeriert, so kann man dagegen leicht verifizieren, dass $\pi = (1\,3\,5\,6)(2\,7)(4\,12\,9\,8\,10\,11)$ ein Isomorphismus ist

9.6 Der Zufall in der Kryptographie

In kryptographischen Protokollen spielen Zufallszahlen und Zufallsfolgen eine oft entscheidende Rolle. Dabei muss man zwei Aspekte unterscheiden:

- In vielen Protokollen muss eine Partei an einer gewissen Stelle einen zufälligen Wert wählen. Dabei korreliert die Sicherheit des Protokolls direkt mit der Frage, *wie* zufällig dieser Wert gewählt wurde: Im eigenen Sicherheitsinteresse muss diese Partei darauf achten, den entsprechenden Wert mit einem möglichst guten Zufallsgenerator zu wählen. Ein Musterbeispiel hierfür ist das Challenge-and-Response Protokoll (siehe Abschn. 3.3).
- In manchen Fällen ist es praktisch unmöglich, echte Zufallszahlen oder Zufallsfolgen zu verwenden; dies ist immer dann der Fall, wenn die entsprechenden Zahlen oder Folgen von mehreren Parteien erzeugt werden müssen. Man verwendet dann Pseudozufallswerte, die mithilfe eines deterministischen Algorithmus berechnet werden, aber für Außenstehende zufällig aussehen. Dieses Verfahren wird etwa bei Stromchiffren (siehe Abschn. 2.1) angewendet.

Echte Zufallszahlen oder Zufallsfolgen werden mithilfe physikalischer Phänomene erzeugt, zum Beispiel mithilfe des Rauschens elektronischer Bauelemente oder dem radioaktiven Zerfall. Ein klassisches Beispiel für die Erzeugung von Zufallsfolgen ist das Werfen einer „fairen Münze" (Kopf = 0, Zahl = 1).

Ein prinzipielles Problem bei der Beurteilung der Güte eines Zufalls-folgengenerators ergibt sich aus der Tatsache, dass es unmöglich ist, die Zufälligkeit einer Folge zu beweisen; nur das Gegenteil lässt sich durch Angabe eines Algorithmus zur Erzeugung der nicht-zufälligen Folge nach-weisen.

Bei Pseudozufallsfolgen steht man vor dem gleichen Problem: Da man keine Beurteilungskriterien für wirklich zufällige Folgen kennt, kann man auch nicht entscheiden, wie zufällig eine Pseudozufallsfolge aussieht. Man kann wiederum nur das Gegenteil nachweisen, nämlich dass eine Folge nicht zufällig aussieht. Dazu gibt es Kriterien wie die statistische Verteilung von Bits oder Zahlen, die Vorhersagbarkeit einer Folge oder die lineare Komplexität. Diese Kriterien hier zu erläutern, würde den Rahmen dieses Buches sprengen. Man findet jedoch eine gut lesbare Einführung in [Beu94] und weiterführende Erläuterungen in [BP82] und [Rue86]. Wir wollen hier nur einige Beispiele für Pseudozufallsfolgengeneratoren nennen.

- In vielen Computerprogrammen ist der **modulare Kongruenzgenerator** implementiert. Man wählt zunächst einen Modulus n und anschließend natürliche Zahlen $a, c \leq n$ mit $ggT(a, n) = 1$. Dann berechnet man aus einem Startwert x_0 sukzessive die Folge $x_0, x_1, x_2, x_3 \ldots$ mit der Formel $x_{k+1} := (ax_k * c) \bmod n$. Die so erhaltene Folge hat zwar gute statistische Eigenschaften, ist aber für die meisten kryptographischen Anwendungen unbrauchbar, da man aus wenigen Werten alle künftigen vorhersagen kann. Kennt man zum Beispiel die Werte x_1, x_2 und x_3 und den Modul n, so kann man a und c durch Auflösen der beiden Gleichungen $x_2 = (a \cdot x_1 + c) \bmod n$ und $x_3 = (a \cdot x_2 + c) \bmod n$ erhalten.
- Für viele kryptographische Algorithmen bilden lineare Schieberegister einen wesentlichen Grundbaustein, da sie hardwaremäßig leicht zu realisieren sind. Mit ihnen werden binäre Pseudozufallsfolgen erzeugt. Ein typisches lineares Schieberegister zeigt Abb. 9.10.

Ein **binäres lineares Schieberegister** mit n Zellen („der **Länge** n") wird zunächst mit je einem Startbit pro Zelle initialisiert. Das Schieberegister arbeitet in Takten, und für jeden Takt werden die folgenden Operationen durchgeführt:

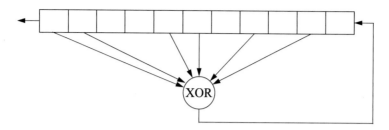

Abb. 9.10 Lineares Schieberegister

- Die Inhalte gewisser, vorher festgelegter Zellen werden *modulo* 2 addiert (*XOR*).
- Der Inhalt jeder Zelle wird um eine Zelle nach links verschoben.
- Der Überlauf am linken Rand ist das Outputbit dieses Taktes.
- Die leere Speicherzelle am rechten Rand wird mit der vorberechneten XOR-Summe besetzt.

Auch Folgen, die mit linearen Schieberegistern erzeugt werden, haben gute statistische Eigenschaften (z. B. gleichmäßige Verteilung von Nullen und Einsen), aber auch diese Folgen sind aus der Kenntnis sehr weniger Bits vollständig vorhersagbar. In der Praxis werden deshalb entweder nichtlineare Schieberegister benutzt (das sind Schieberegister, bei denen die Rückkopplung komplexer ist), oder mehrere lineare Schieberegister werden auf nichtlineare Weise gekoppelt.

9.7 Komplexitätstheorie

Die Grundfrage der Komplexitätstheorie ist die nach dem Aufwand zur Lösung eines Problems.

Es ist klar, dass der Aufwand zum Lösen eines Problems größer wird, wenn das Problem selbst „größer" wird, d. h. wenn die Parameter, von denen das Problem abhängt, wachsen. Die Frage ist, wie stark der Aufwand im Verhältnis zu den Eingangsparametern wächst.

Ein Beispiel für ein solches Problem ist das Sortieren einer Liste aus natürlichen Zahlen. Der Aufwand an Zeit und Speicherkapazität zur Lösung dieses Problems hängt stark von der Anzahl n der Zahlen der Liste ab. Es gibt verschiedene Algorithmen zur Lösung dieses Sortierproblems. Der Algorithmus Bubblesort benötigt etwa n^2 Schritte (Vertauschungen von Zahlen), während der Algorithmus Quicksort nur etwa $n \cdot \log n$ braucht.

In der Komplexitätstheorie interessiert man sich nur für die bestmöglichen Algorithmen zur Lösung eines Problems. Für obiges Beispiel kann man beweisen, dass jeder Sortieralgorithmus mindestens $n \cdot \log n$ Schritte braucht. Man sagt auch: Das Sortierproblem hat die **Komplexität** $n \cdot \log n$. Dazu sind zwei wichtige Bemerkungen zu machen:

- In der Komplexitätstheorie betrachtet man den „worst case". Natürlich gibt es Listen, für deren Sortierung man weniger als $n \cdot \log n$ Schritte braucht, zum Beispiel wenn die Liste bereits sortiert vorliegt. Das obige Ergebnis bedeutet also: Zu jedem Sortieralgorithmus gibt es mindestens eine Liste, sodass der Algorithmus mindestens $n \cdot \log n$ Schritte braucht.
- Bei der Berechnung der Komplexität eines Problems vernachlässigen wir konstante Faktoren. Zum Beispiel sagen wir auch, dass ein Problem, zu dessen Lösung $1000 \cdot n \cdot \log n$ Schritte notwendig sind, die Komplexität $n \cdot \log n$ hat (Verschiedene Konstanten entsprechen verschiedenen Maßeinheiten: Ob man einen Sortieralgorithmus nach der Anzahl der Vertauschungen misst oder nach der Anzahl der Taktzyklen eines Prozessors, der diese Vertauschungen durchführt, darf nicht in die Komplexität des Problems eingehen).

Die wichtigste Unterscheidung in der Komplexitätstheorie ist die in Probleme mit polynomialer und Probleme mit nichtpolynomialer Komplexität. Im ersten Fall wachsen die benötigten Ressourcen (Zeit oder Speicherplatz) zur Lösung des Problems nur polynomial, das heißt, es gibt ein Polynom $f(x)$, sodass die Komplexität des Problems höchstens $f(n)$ ist, wenn die Eingabe die Länge n hat, im zweiten Fall schneller als polynomial, etwa exponentiell. Dieser grundsätzliche Unterschied wird in folgender Tabelle (aus [BP82]) deutlich.

Eingabe- länge/ Zeit- komplexität (µs)	20	30	40	50	60
X	$2 \cdot 10^{-5}$ s	$3 \cdot 10^{-5}$ s	$4 \cdot 10^{-5}$ s	$5 \cdot 10^{-5}$ s	$6 \cdot 10^{-5}$ s
x^2	$4 \cdot 10^{-4}$ s	$9 \cdot 10^{-4}$ s	$1{,}6 \cdot 10^{-3}$ s	$2{,}5 \cdot 10^{-3}$ s	$3{,}6 \cdot 10^{-3}$ s
x^3	$8 \cdot 10^{-3}$ s	$2{,}7 \cdot 10^{-2}$ s	$6{,}4 \cdot 10^{-2}$ s	$1{,}25 \cdot 10^{-1}$ s	$2{,}16 \cdot 10^{-1}$ s
x^5	3,2 s	24,3 s	1,7 min	5,2 min	13,0 min
2^x	1 s	17,9 min	12,7 Tage	37,7 Jahre	366 Jahr- hunderte
3^x	5,2 s	6,5 Jahre	3855 Jahr- hunderte	$2 \cdot 10^8$ Jahr- hunderte	$1{,}3 \cdot 10^{13}$ Jahr- hunderte

Man kann aus dieser Tabelle erkennen, dass sich exponentielle Zeitkomplexitäten schon bei relativ kleinen Eingabewerten sehr unangenehm auf die benötigte Rechenzeit auswirken.

Oft wird die Meinung vertreten, dass durch die Einführung von immer schnelleren Computern alle Probleme gelöst werden können. Dies ist aber nicht richtig. Die Verdopplung der Geschwindigkeit von Rechnern wirkt sich auf die Lösbarkeit exponentieller Probleme fast nicht aus. Die obige Tabelle verdeutlicht diese Tatsache: Kann man mit den alten Computern in 12,7 Tagen ein Problem der Länge 40 lösen, so sind es bei den neuen Computern gerade einmal die Probleme der Länge 41.

Um Ordnung in die verwirrende Vielfalt von möglichen Problemen und ihre Komplexitäten zu bringen, fasst man Probleme mit ähnlicher Komplexität zu *Klassen* zusammen. Die beiden wichtigsten Komplexitätsklassen sind die Klassen **P** und **NP**, die wir jetzt kurz vorstellen.

Die **Klasse P:** In diese Klasse fallen diejenigen Probleme, die mit polynomialem *Zeit*aufwand lösbar sind. Dazu gehören das Sortieren, die Addition, Multiplikation und das Potenzieren natürlicher Zahlen, sowie alle auf herkömmlichen Computern exakt lösbaren Probleme.

Die **Klasse NP:** Bei der Definition dieser Problemklasse betrachten wir nicht den Aufwand zur Lösung eines Problems, sondern den Aufwand *zur Verifizierung einer gegebenen Lösung*. Dass die Aufgabenstellungen der Lösung eines Problems einerseits und der Verifizierung einer Lösung andererseits unterschiedlichen Charakter haben, kann man an folgenden Beispielen erkennen:

- Das Faktorisieren großer Zahlen ist schwierig, die Überprüfung einer solchen Faktorisierung dagegen einfach: Man muss die gegebenen Faktoren nur miteinander multiplizieren und das Produkt mit der gegebenen Zahl vergleichen.
- Die diskrete Exponentialfunktion ist einfach, während das Problem des diskreten Logarithmus sehr schwierig ist.
- Der Nachweis der Isomorphie zweier Graphen ist schwierig, während die Verifikation, dass eine gegebene Abbildung ein Isomorphismus ist, einfach ist.

Wir können die Klasse **NP** also wie folgt definieren: Die Klasse **NP** besteht aus denjenigen Problemen, bei denen die Verifizierung einer gegebenen Lösung mit polynomialem **Zeit**aufwand möglich ist.

Die obigen Beispiele liegen in der Klasse **NP**.

Die Klasse **P** ist in der Klasse **NP** enthalten. Ein berühmtes offenes Problem ist die Frage, ob **P** ≠ **NP** gilt oder nicht.

Eine wichtige Eigenschaft der Klasse **NP** ist, dass sie so genannte „vollständige" Probleme enthält. Dies sind Probleme, welche die Klasse **NP** in folgendem Sinne vollständig repräsentieren: Wenn es einen „guten" Algorithmus für ein solches Problem gibt, dann existieren für alle Probleme aus **NP** „gute" Algorithmen. Insbesondere gilt: Wenn auch nur ein vollständiges Problem in **P** läge, d. h. wenn es einen polynomialen Lösungsalgorithmus für dieses Problem gäbe, so wäre **P** = **NP**. In diesem Sinn sind die **NP-vollständigen Probleme** die schwierigsten Probleme in **NP**.

Viele Probleme der Graphentheorie sind **NP**-vollständig, z. B. das Finden eines hamiltonschen Kreises oder das „Travelling Salesman-Problem" [Jun90].

Bemerkung: Der Name **NP** bedeutet „nichtdeterministisch polynomial", und bezieht sich auf ein Berechnungsmodell, d. h. auf einen nur in der Theorie existierenden Computer, der richtige Lösungen nichtdeterministisch „raten" und diese Lösungen dann in polynomialer Zeit verifizieren kann.

Viele kryptographische Protokolle sind so gemacht, dass die „guten" Teilnehmer nur Probleme aus **P** lösen müssen, während sich ein Angreifer vor Probleme aus **NP** gestellt sieht.

Das Verhältnis von Kryptographie und Komplexitätstheorie ist allerdings noch komplexer als bisher in diesem Abschnitt dargestellt. Es ist zwar wichtig, dass ein Problem, vor das sich ein Angreifer in einem kryptographischen Protokoll gestellt sieht, in **NP–P** liegt, aber dieses Kriterium genügt nicht. Es besagt nach dem „worst case"-Paradigma ja nur, dass es mindestens eine Instanz dieses Problems gibt, die in **NP–P** liegt. Für die Anwendung in der Kryptographie muss ein Problem aber „fast immer" seine worst-case-Komplexität annehmen, und diese Eigenschaft ist in der Regel schwer zu beweisen.

9.8 Große Zahlen

Bei der Beschreibung kryptographischer Protokolle und Algorithmen treten Zahlen auf, die so groß bzw. so klein sind, dass sie einem intuitiven Verständnis nicht zugänglich sind. Es kann daher nützlich sein, Vergleichszahlen aus der uns umgebenden realen Welt bereitzustellen, sodass man ein Gefühl für die Sicherheit kryptographischer Algorithmen entwickeln kann. Die hier angegebenen Werte stammen teilweise aus [Schn96].

Wahrscheinlichkeit, dass Sie auf Ihrem nächsten Flug entführt werden	$5,5 \cdot 10^{-6}$
Wahrscheinlichkeit für 6 Richtige im Lotto	$7,1 \cdot 10^{-8}$
Jährliche Wahrscheinlichkeit, von einem Blitz getroffen zu werden	10^{-7}
Risiko, von einem Meteoriten erschlagen zu werden	$1,6 \cdot 10^{-12}$
Anzahl der Moleküle in einem Mol (bei Gasen 22,4 l unter Normalbedingungen)	$6,023 \cdot 10^{23}$
Anzahl der Atome der Erde	10^{51} (2^{170})
Anzahl der Atome in der Sonne	10^{57} (2^{190})
Anzahl der Atome in unserer Galaxis	10^{67} (2^{223})
Anzahl der Atome im Weltall (ohne dunkle Materie)	10^{77} (2^{265})
Zeit bis zur nächsten Eiszeit	14.000 (2^{14}) Jahre
Zeit, bis die Sonne zu einer Nova wird	10^9 (2^{30}) Jahre
Alter der Erde	10^9 (2^{30}) Jahre
Alter des Universums	10^{10} (2^{34}) Jahre
Wenn das Weltall geschlossen ist: Lebensdauer des Weltalls	10^{11} (2^{37}) Jahre
Wenn das Weltall offen ist: Zeit bis sich die Planeten aus den Sonnensystemen lösen	10^{15} (2^{50}) Jahre
Zeit bis sich die Sterne aus den Galaxienverbänden lösen	10^{19} (2^{64}) Jahre

Viele der in diesem Buch auftretenden Zahlen überschreiten diese physikalischen Werte. So würde z. B. ein Computer, der pro Sekunde 2.000.000.000 AES-128-Verschlüsselungen berechnen kann, zum Durchprobieren aller 2^{128} möglichen Schlüssel

$$\frac{2^{128}}{2 \cdot 10^9 \frac{1}{s} \cdot 3,2 \cdot 10^7 \frac{s}{\text{Jahr}}} \approx \frac{3,4 \cdot 10^{38}}{6,4 \cdot 10^{16}} \text{ Jahre} \approx 5,3 \cdot 10^{21} \text{ Jahre}$$

benötigen.

Wenn das Weltall geschlossen ist, lässt sich diese Berechnung nicht mehr vollständig durchführen.

Literatur

[BBFK05]   Bahr, F., Boehm, M., Franke, J., Kleinjung, T.: RSA-640 Factored. http://mathworld.wolfram.com/news/2005-11-08/rsa-640/

[BP82]   Beker, H., Piper, F.: Cipher Systems. The Protection of Communication. Northwood, London (1982)

[BRK95]   Bartholomé, A., Rung, J., Kern, H.: Zahlentheorie für Einsteiger, 4. Aufl. Verlag Vieweg, Braunschweig und Wiesbaden (2003)

[Jun90]   Jungnickel, D.: Graphen, Netzwerke und Algorithmen, 2. BI Wissen-
            schaftsverlag, Aufl (1990)

[Kle10]   Kleinjung, T., Aoki, K., Franke, J., Lenstra, A.K., Thomé, T., Bos,
            J.W., Gaudry, P., Kruppa, A., Montgomery, P.L., Osvik, D.A., te
            Riele, H., Timofeev, A., Zimmermann, P.: Factorization of a 768-bit
            RSA modulus. IACR ePrint (2010). http://eprint.iacr.org/2010/006.
            pdf

[Kra86]   Kranakis, E.: Primality and Cryptography. Teubner Verlag, Stuttgart
            (1986)

[Rue86]   Rueppel, R.: Analysis and Design of Stream Ciphers. Springer Verlag,
            Berlin (1986)

[Schn96]   Schneier, B.: Angewandte Kryptographie. Addison-Wesley, Bonn
            (1996)

[Sti95]   Stinson, D.R.: Cryptography. CRC Press Boca Raton, London,
            Tokyo (1995)

Stichwortverzeichnis

© Der/die Herausgeber bzw. der/die Autor(en), exklusiv lizenziert an Springer-Verlag
GmbH, DE, ein Teil von Springer Nature 2022
A. Beutelspacher et al., *Moderne Verfahren der Kryptographie*,
https://doi.org/10.1007/978-3-662-65718-8

springer.com

Willkommen zu den Springer Alerts

Unser Neuerscheinungs-Service für Sie:
aktuell | kostenlos | passgenau | flexibel

Mit dem Springer Alert-Service informieren wir Sie individuell und kostenlos über aktuelle Entwicklungen in Ihren Fachgebieten.

Jetzt anmelden!

Abonnieren Sie unseren Service und erhalten Sie per E-Mail frühzeitig Meldungen zu neuen Zeitschrifteninhalten, bevorstehenden Buchveröffentlichungen und speziellen Angeboten.

Sie können Ihr Springer Alerts-Profil individuell an Ihre Bedürfnisse anpassen. Wählen Sie aus über 500 Fachgebieten Ihre Interessensgebiete aus.

Bleiben Sie informiert mit den Springer Alerts.

Mehr Infos unter: springer.com/alert

Part of **SPRINGER NATURE**

A82259 | Image: © Molnia / Getty Images / iStock

Printed in the United States
by Baker & Taylor Publisher Services